ÉQUATIONS DANS LES MONOÏDES LIBRES

ÉCOLE PRATIQUE DES HAUTES ÉTUDES — SORBONNE
SIXIÈME SECTION: SCIENCES ÉCONOMIQUES ET SOCIALES

MATHÉMATIQUES ET SCIENCES DE L'HOMME

XVI

MOUTON/GAUTHIER-VILLARS

ANDRÉ LENTIN

ÉQUATIONS DANS LES MONOÏDES LIBRES

MOUTON/GAUTHIER-VILLARS

Diffusion en France:
Dunod, 92, rue Bonaparte - Paris 6

Printed in the Netherlands

Note liminaire.

La matière exposée dans la septième section revient pour l'essentiel à Mr D. Piollet.

L'Auteur est redevable de remarques utiles à Mr M. Fontet et Mme M. Morcrette, Assistants à l'Université Paris VI, ainsi qu'à Mr J. Zeitoun, Assistant à l'Université René Descartes (Paris V) ; il remercie Mr Warren Dicks (Bedford College) de lui avoir signalé une inadvertance.

Cinq des problèmes proposés empruntent leur substance aux Mémoires (non publiés) présentés pour l'obtention du *Diplôme d'Etudes Approfondies* par MM. J.-M. Autebert, J. Bauquier, G. Boccara, D. Mallet et D. Piollet, déjà cité.

1. Solutions principales.

1.1. Rappels, notations et terminologie.

1.1.1. La notation $[n]$. n étant un entier naturel, on désignera par $[n]$ l'ensemble :

$$\{ i \in \mathbb{N} : 1 \leqslant i \leqslant n \}$$

si $n \neq 0$, sinon, l'ensemble vide.

1.1.2. Lettres, mots, ordinaux. Soit X un ensemble non vide quelconque dont les éléments seront appelés *lettres*. Etant donné un naturel non nul n, toute application f de $[n]$ dans X définit un *mot* de *longueur* n en X. Pour $i \in \mathbb{N}$, l'image de i que donne f sera désignée par $f^{(i)}$. On identifiera l'application f avec le mot qu'elle définit, ce mot f étant considéré comme séquence, totalement ordonnée selon les i croissants, d'occurrences d'éléments de X (1).

En outre, on associe au naturel zéro le mot *neutre*, de longueur nulle. On désignera ce mot neutre par e (quel que soit X) et l'ensemble de tous les mots en X par X^*.

On dira que i est l'*ordinal* de $f^{(i)}$ dans le mot f, que $f^{(1)}$ est l'*initiale* de ce mot et que $f^{(n)}$ en est l'*ultième* — n désignant la longueur de f.

(1) Dans les explications et les exemples, le sens des ordinaux croissants sera physiquement le sens de la gauche vers la droite.

1.1.3. Degré, maxidegré. Pour $f \in X^*$ et $x \in X$, on appellera

(1) degré en x de f, l'entier :

$$|f|_x = \mathrm{Card}\,\{i \in \mathbb{N} : f^{(i)} = x\} \;;$$

(2) maxidegré de f, l'entier :

$$\|f\| = \max\{|f|_x : x \in X\}.$$

D'autre part, on désignera la longueur du mot f par $|f|$; en d'autres termes :

$$|f| = \sum_{x \in X} |f|_x .$$

1.1.4. Egalité de deux mots. Manifestement, une condition nécessaire et suffisante pour que deux mots f et g soient égaux est que l'on ait simultanément :

(a) $|f| = |g|$;

(b) $\forall i \in [|f|]$, $f^{(i)} = g^{(i)}$.

1.1.5. Alphabet minimal. Pour $f \in X^*$, on appellera alphabet minimal de f la partie X_f de X définie par :

$$X_f = \{x \in X : |f|_x \neq 0\}$$ (On écrira parfois $L(f)$).

1.1.6. Concaténation. Etant donnés deux mots $f, g \in X^*$, de longueur respective n et p, le produit de concaténation de f par g est le mot $h = \underline{\mathrm{conc}}(f, g)$ défini par les conditions :

(1) $|h| = n + p$;

(2) $h^{(i)} = \begin{cases} f^{(i)} & \text{si } 1 \leq i \leq n ; \\ g^{(i-n)} & \text{si } n+1 \leq i \leq n+p. \end{cases}$

On écrira

$$h = fg .$$

1.1.7. Monoïde libre de base X. L'objet $\langle X^*, \underline{\mathrm{conc}}, e\rangle$

constitué par l'ensemble sous-jacent X^*, l'opération conc et le mot distingué est le *monoïde libre de base X*. Par abus d'écriture, on désigne par le même symbole X^* le monoïde libre et l'ensemble sous-jacent.

Il s'agit bien d'un monoïde, puisque l'opération conc est associative et admet un élément neutre — à savoir e. D'autre part, on démontre [1] que X^* est un objet libre [1].

X^* est cyclique si et seulement si X ne contient qu'un seul élément. Pour $X = \{t\}$, on écrira t^* au lieu de $\{t\}^*$. Le monoïde t^* est isomorphe au monoïde additif des entiers naturels : $\langle \mathbb{N}, +, 0 \rangle$.

1.1.8. Morphismes de monoïdes libres. X^* et Y^* étant deux monoïdes libres, un morphisme $\varphi : X^* \to Y^*$ est entièrement déterminé par la donnée de l'ensemble $\varphi(X)$.

Un morphisme sera dit *littéral* si et seulement s'il envoie toute lettre de X sur une lettre de Y [2], *numérique* si et seulement si son but est un monoïde libre cyclique. Pour un morphisme littéral et numérique $\nu : X^* \to t^*$ on a toujours $\nu f = t^{|f|}$.

1.2. Généralités sur les équations.

1.2.1. Equations. On dénommera *bimots* les éléments du produit cartésien $X^* \times X^*$. Tout bimot (f, f') détermine une *équation*, que l'on écrira encore (f, f') — et non point $f = f'$ — afin de réserver le signe d'égalité aux seules égalités effectives.

Dans l'équation (f, f'), on appellera toujours f (resp. f') le *membre gauche* (resp. *droit*).

Une équation sera dite *propre* si et seulement si les deux membres n'en sont pas égaux.

$X_{ff'}$ (on écrira parfois $X_{f,f'}$) sera appelé

(1) Les nombres entre crochets renvoient à la bibliographie.

(2) Dans la mesure du possible on désignera un morphisme littéral par la lettre γ (initiale du mot $\gamma\rho\alpha\mu\mu\alpha$ = lettre).

l'alphabet minimal de l'équation.

1.2.2. Solutions particulières. Les *solutions particulières dans* Y^* d'une équation $(f,f') \in X^* \times X^*$ sont les morphismes $\varphi : X^* \longrightarrow Y^*$ tels que l'on ait

$$\varphi f = \varphi f'.$$

EXEMPLE. – Soit, avec $X = \{a,b,c,d\}$ et $Y = \{y,u\}$ les mots $f = a^2b^2c^2$, $f' = d^2$. L'équation (f,f') admet la solution particulière $\varphi : X^* \longrightarrow Y^*$ dans laquelle :

$$\varphi a = uy\,;\ \varphi b = yyu\,;\ \varphi c = yuyy\,;\ \varphi d = uyuyyyuyy.$$

En effet φ réalise la condition $\varphi f = \varphi f'$ puisque l'on a (les parenthèses ne figurant que pour marquer la scansion) :

$$\varphi f = (uy)(uy)(yyu)(yy\ \ u)(yuyy)(yuyy),$$

$$\varphi f' = (uy\ uy\ yyu\ yy)(u\ yuyy\ yuyy).$$

1.2.3. Définition. Soient $(f,f') \in X^* \times X^*$ une équation, $\varphi : X^* \longrightarrow Y^*$, $\varphi' : X^* \longrightarrow Y'^*$ deux solutions de cette équation dans les monoïdes libres (éventuellement confondus) Y^* et Y'^*.

On dira que la solution φ' *procède de* la solution φ si et seulement s'il existe un morphisme $\chi : Y^* \longrightarrow Y'^*$ tel que $\chi\varphi = \varphi'$. Le cas échéant, l'on précisera que φ' procède de φ *au moyen de* χ.

1.2.4. Solutions principales. La relation «... procède de...» étant manifestement un préordre dans l'ensemble des solutions d'une équation fixe, il se pose donc le problème suivant :

(f,f') étant une équation fixe, existe-t-il un ensemble **minimal** W – fixe et ne dépendant que de cette équation – et une famille **minimale** de solutions sur W^*, soit $\Psi(f,f';W^*)$, tels que **toute solution de (f,f') dans un monoïde libre quelconque procède de quelque solution appartenant à la famille privilégiée $\Psi(f,f';W^*)$?**

A priori, une telle question admet certainement une réponse formelle et ce sont ces solutions privilégiées que l'on appellera les *solutions principales*.

Des définitions et problèmes analogues valent pour les systèmes d'équations.

<u>1.2.5. Indications sur certains des résultats.</u> On caractérisera les solutions principales d'une équation et on établira que, si (f,f') est propre, alors $\text{Card } W < \text{Card } X_{f,f'}$.

On déterminera la valeur de Card W(1) pour toutes les équations (f,f') telles que $\|ff'\| \leq 2$ et pour certaines équations de formes particulières.

1.3. Etude des solutions principales.

<u>1.3.1. Compléments à la terminologie.</u> Dans cette section, l'équation considérée $(f,f') \in X^* \times X^*$ reste fixe, on suppose que $X = X_{f,f'}$ et l'on pose $\text{Card } X = k$. On désigne par $\Phi(Y^*)^{f,f'}$ l'ensemble des solutions de l'équation dans un monoïde libre Y^* et l'on introduit une lettre distinguée t.

La famille $\Phi(t^*)$ peut être appelée la famille des solutions en longueurs pures. En effet, pour $\theta \in \Phi(t^*)$ et $x_i \in X$ on a :

$$\theta x_i = t^{\lambda_i}, \ \lambda_i \in \mathbb{N} \ ; \ \lambda_i = |\theta x_i| \ ;$$

et la solution θ est caractérisée par le vecteur des longueurs :

$$(\lambda_1, \ldots, \lambda_i, \ldots, \lambda_k) \in \mathbb{N}^k,$$

vecteur que, par abus de langage, on nommera la longueur de θ.

<u>1.3.2. Equation aux longueurs.</u> Etant donné un bimot $(f,f') \in X^* \times X^*$, à tout $x \in X$ on associe l'entier rationnel

$$\Delta_{ff'} x = \Delta x = |f|_x - |f'|_x \ .$$

(1) Intuitivement, Card W est le nombre des mots arbitraires figurant dans les solutions de l'équation et il permet en quelque sorte de mesurer la force des contraintes qu'impose celle-ci.

Les longueurs des solutions en longueurs pures sont les solutions dans $\mathbb{N}^k$ de l'équation diophantienne linéaire :

$$(E_{ff'}) \qquad \sum_{x \in X} \Delta x \, |\theta x| = 0 .$$

Il peut arriver que cette équation n'admette que la solution nulle ; c'est par exemple le cas de l'équation $(xyz\,,\, z^2y^2x^2u)$. Une condition nécessaire et suffisante pour qu'il en soit ainsi est que tous les Δx soient non nuls et de même signe.

Une condition nécessaire et suffisante pour que $(E_{ff'})$ admette pour solutions tous les vecteurs de $\mathbb{N}^k$ est que tous les Δx soient nuls. Dans ce cas, f et f' sont dans la même classe abélienne et l'on dira que l'équation (f, f') est équilibrée.

1.3.3. Avertissement au lecteur. On se propose de "remonter le long du préordre" depuis les solutions en longueurs pures jusqu'aux solutions principales. Cette "remontée" comportera deux étapes, la première conduisant aux solutions qui seront qualifiées de θ-libres.

Les idées mises en œuvre ayant une origine géométrique, certains lecteurs estimeront peut-être que l'exposé de cette motivation leur facilite la compréhension des preuves et la mémorisation des résultats. C'est à l'intention de ces lecteurs que l'on a rédigé — en les séparant du reste — des commentaires géométriques.

Il est loisible, à qui le désirera, de sauter ces commentaires.

1.3.4. Définitions fondamentales. Etant données une équation $(f, f') \in X^* \times X^*$ et une solution non nulle $\theta \in \Phi(t^*)$ de cette équation, on associe à la paire $((f,f'), \theta)$ les êtres définis ci-après.

1. L'ensemble des $x' \in X$ tels que l'on ait $|\theta x'| > 0$ constitue par hypothèse une partie non vide de X, soit X'.

X_θ est la partie de $X' \times \mathbb{N}$ formée par les couples (x', j) où x' parcourt X'

et où, pour x' donné, j décrit l'ensemble $[|\theta x'|]$.

2. $\theta^{\#}$ est le morphisme $\theta^{\#}: X^* \longrightarrow X_\theta^*$ qui envoie tout $x \in X$ sur e si $|\theta x| = 0$ et sinon sur le mot :

$$\theta^{\#}x = (x,1)(x,2)\dots(x,|\theta x|).$$

N.B. On posera pour toute la suite $\theta^{\#}f = g$, $\theta^{\#}f' = g'$; la définition de $\theta^{\#}$ implique $|\theta^{\#}f| = |\theta f|$. Comme θ est une solution, on a donc $|g| = |g'|$, propriété que l'on utilise au point suivant.

3. $\mathbb{P}(f,f';\theta) = \mathbb{P}_\theta$ est la partie de $X_\theta \times X_\theta \times \mathbb{N}$ définie par :

$$(y_\alpha, y_\beta, j) \in \mathbb{P}_\theta \text{ s.si } \left[\left(y_\alpha = g^{(j)} \text{ et } y_\beta = g'^{(j)}\right) \text{ ou } \left(y_\alpha = g'^{(j)} \text{ et } y_\beta = g^{(j)}\right)\right].$$

N.B. $\mathbb{P}_\theta$ peut être considéré comme un multigraphe valué symétrique dont les sommets sont les éléments de X_θ et dont chaque arête $y_\alpha y_\beta$ (remplaçant une paire d'arcs opposés) est valuée par l'ordinal j correspondant.

4. $\text{Œ}(f,f';\theta) = \text{Œ}_\theta$ (ensemble à Ordinaux Egaux) est le sous-ensemble (ou relation) projection de $\mathbb{P}_\theta$ sur $X_\theta \times X_\theta$.

5. On posera $\text{Œ}_\theta^{(n)} = \text{Œ}_\theta \cup (\text{Œ}_\theta \circ \text{Œ}_\theta) \cup \dots \cup (\text{Œ}_\theta \circ \text{Œ}_\theta \circ \dots \circ \text{Œ}_\theta)$

si et seulement si le dernier terme comporte n facteurs.

N.B. On dira que l'étude de $\text{Œ}_\theta^{(n)}$ en fonction de l'entier n constitue le problème de la propagation de Œ_θ. ($\mathbb{P}_\theta$ est le multigraphe de propagation).

Il est clair que $\text{Œ}_\theta^{(2)}$ comprend l'égalité.

6. $\overline{\text{Œ}}_\theta$ est la congruence sur X_θ^* engendrée par Œ_θ. (C'est la fermeture transitive de Œ_θ.)

7. $\overline{X}_\theta$ est l'ensemble quotient $X_\theta / \overline{Œ}_\theta$.

N.B. Il est clair que les éléments de $\overline{X}_\theta$ peuvent être identifiés aux composantes connexes de P_θ.

8. $\theta^\natural$ est le morphisme naturel de X_θ^* vers $\overline{X}_\theta^*$, il envoie chaque élément de X_θ sur sa classe modulo $\overline{Œ}_\theta$.

9. $\overline{\theta}$ est le morphisme $\theta^\natural \theta^\# = \overline{\theta} : X^* \longrightarrow \overline{X}_\theta^*$.

N.B. On posera $\overline{g} = \overline{\theta} f$, $\overline{g}' = \overline{\theta} f'$.

Remarques. (1) le naturel i figurant dans (x,i) n'est autre que l'ordinal de (x,i) dans $\theta^\# x$; mais, comme on peut avoir à utiliser simultanément une égalité comme $x = f(g)$, il sera commode de nommer i le sous-ordinal.

(2) Les définitions de Œ et $\overline{Œ}$ sont valables dans tous les monoïdes pour deux mots de même longueur.

1.3.5. Commentaires géométriques. Il est expédient de se représenter l'élément distingué t sous la forme d'une case blanche :

$$t = \square ,$$

et θx (pour $\theta x = \lambda$, $\lambda \neq 0$) sous la forme d'un ruban (à la Turing) blanc et divisé en λ cases :

$\theta x =$ 

On obtient $\theta^\# x$ à partir de θx en indiquant les cases blanches par x d'abord, puis par le sous-ordinal i, $1 \leq i \leq \lambda$, de la gauche vers la droite :

$\theta^\# x =$ 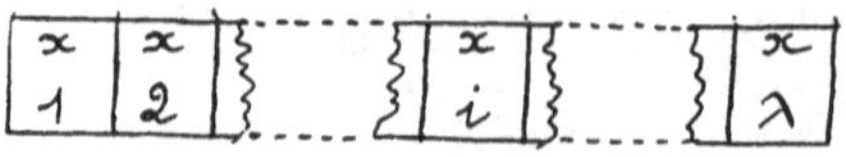

Pour représenter $Œ_\theta$, on dispose l'une sous l'autre les représentations de $g = \theta^\# f$ et $g' = \theta^\# f'$ de telle sorte que $g^{(i)}$ et $g'^{(j)}$ soient à l'aplomb l'une de l'autre.

Ces diverses constructions et représentations rendent intuitive la proposition suivante.

<u>1.3.6. Proposition</u>. Le morphisme $\overline{\theta}$ est une solution de (f, f') sur X_θ^*. En outre, quels que soient l'ensemble Y et la solution $\varphi \in \Phi(Y^*)$, il existe une solution en longueurs pures $\theta' \in \Phi(t^*)$ telle que φ procède de $\overline{\theta}'$ au moyen d'un morphisme littéral.

Preuve.- L'hypothèse $\theta \in \Phi(t^*)$ équivalant à $|\theta f| = |\theta f'|$ et la construction de $\theta^\#$ impliquant $|\theta^\# f| = |\theta f|$, on a $|g| = |g'|$. La conclusion $\overline{g} = \overline{g}'$, c'est à dire $\overline{\theta} \in \Phi(\overline{X}_\theta^*)$ résulte alors de la proposition triviale énoncée en 1.1.3. à propos de l'égalité de deux mots.

Considérons maintenant une solution $\varphi \in \Phi(Y^*)$. Soit τ l'unique morphisme littéral de Y^* vers t^* et soit $\theta' = \tau\varphi$; on a $\theta' \in \Phi(t)$. Revenant par commodité à la notation θ (pour θ'), posons $h = \varphi f$, $h' = \varphi f'$ et utilisons les notations introduites en 1.3.4.
L'égalité de $\overline{g}^{(i)}$ avec $\overline{g}^{(j)}$ (ou $\overline{g}'^{(j)}$) implique $h^{(i)} = h^{(j)}$ (ou $h'^{(j)}$), donc la relation $(g^{(i)}, g^{(j)}) \in \overline{Œ}_\theta$ implique $(h^{(i)}, h^{(j)}) \in \overline{Œ}_\theta\,(h, h')$; il en résulte que l'on a $\varphi = \gamma\overline{\theta}$ avec γ littéral.

La solution $\overline{\theta} : X^* \to \overline{X}_\theta^*$ de l'équation (f, f') sera désignée comme la solution <u>θ-libre</u> associée à la solution $\theta \in \Phi(t^*)$.

<u>1.3.7. Commentaires géométriques.</u> Nous poursuivons l'étude du morphisme $\theta = \theta^q \theta^\#$.
Dans chaque $\theta^\#_x$ est défini sur les lettres (x, i) un ordre total par les sous-ordinaux croissants, d'où,

par produit direct, un ordre partiel dans X_θ.

De manière informelle, disons que le comportement de cet ordre par rapport au morphisme $\theta^\natural$ pose le problème des "<u>consécutions</u>" : "quelque chose passe plus ou moins à travers le morphisme $\theta^\natural$".

Ou bien la relation de consécution de deux classes z et z' qui forment quelque part dans $\bar\theta f$ $(= \bar\theta f')$ le mot zz' sera conservée, ou bien elle sera brisée. Si elle doit être brisée, ce ne peut être qu'en une frontière $\theta^\# x'x'' = \theta^\# x' \, \theta^\# x''$:

$$\begin{array}{lc} & \quad z \qquad z' \\ \theta^\# f \ (\text{ou } \theta^\# f') = & \cdots \left| \begin{matrix} x' \\ \lambda'-1 \end{matrix} \right| \begin{matrix} x' \\ \lambda' \end{matrix} \left\| \begin{matrix} x'' \\ 1 \end{matrix} \right| \begin{matrix} x'' \\ 2 \end{matrix} \Big| \cdots \\ \theta^\# f' \ (\text{ou } \theta^\# f) = & \cdots \left| \begin{matrix} x''' \\ i-1 \end{matrix} \right| \begin{matrix} x''' \\ i \end{matrix} \left| \begin{matrix} x''' \\ i+1 \end{matrix} \right| \begin{matrix} x''' \\ i+2 \end{matrix} \Big| \cdots \end{array}$$

Pour préciser, nous introduisons formellement la notion de digramme.

1.3.8. Digrammes.

A tout mot $h \in \bar{X}_\theta^*$ nous associons l'ensemble $\mathcal{D}(h)$ de ses <u>digrammes</u>, c'est à dire l'ensemble des mots $zz' \in \bar{X}_\theta^2$ tels que l'on ait :

$$zz' = h^{(j)} h^{(j+1)} \text{ pour quelque } j \in [|h|-1].$$

Relativement à $\bar g = \bar\theta f = \bar\theta f' (= \bar g')$, un digramme yy' sera dit <u>frontalier</u> si et seulement s'il existe un facteur gauche f_A de f (resp. f'_A de f') tel que l'on ait $0 < |\bar\theta f_A| < |\bar g|$ (resp. $0 < |\bar\theta f'_A| < |\bar g|$).

On écrira dans ce cas $yy' \in \mathcal{D}_F(\bar g)$.

En d'autres termes, considérant par exemple un facteur gauche f_A de f, il s'ensuit que :

$$f = f_A f_B \; ; \; |f_A| > 0 \; ; \; f_A = f_1 x \, , \; f_B = x' f_2 \; ; \; x, x' \in X.$$

On a donc $y = \theta^\natural(x, |\theta x|)$ et $y' = \theta^\natural(x', 1)$, de sorte que y est l'ultième de $\overline{\theta}x$ et y' l'initiale de $\overline{\theta}x'$.

On notera que le fait pour un digramme d'être frontalier n'empêche pas qu'il puisse aussi présenter des occurrences <u>intérieures</u>, c'est à dire qu'il puisse appartenir conjointement à $\bigcup_{x \in X} \mathcal{D}(\overline{\theta}x)$.

<u>1.3.9. Lemme.</u> Une condition nécessaire et suffisante pour que la lettre $z \in \overline{X}_\theta$ soit toujours la première lettre du même digramme non frontalier $zz' \in \mathcal{D}(\overline{g})$ est que z ne présente aucune occurrence ultième (<u>id est</u> : $\forall x \in X$, $z \neq \theta^{q}(x, |\theta x|)$) ; on a alors $z \neq z'$.

Enoncé dual en remplaçant zz' par $z'z$, première par seconde et ultième par initiale.

Preuve.— A. La condition est nécessaire, car si z présentait une occurrence ultième, celle-ci entrerait dans un digramme frontalier, à moins qu'elle n'entrât dans aucun digramme.

B. Il résulte immédiatement de la définition de $Œ_\theta$ que les conditions :

$$g^{(i)} = (x,j) ;\ g'^{(k)} = (x',l) ;\ j < |\theta x| ;\ l < |\theta x'| ;$$

impliquent :

$$\big((x, i+1), (x', l+1)\big) \in Œ_\theta .$$

C. La condition est suffisante. En effet, si z n'est jamais ultième, il existe au moins une lettre $z' \in \overline{X}_\theta$, $z' \neq z$, donnant lieu à au moins ~~une occurrence intérieure du~~ digramme zz'. En vertu de B., la classe correspondant à z' contient toutes celles des lettres de X_θ que l'on obtient en augmentant d'une unité les sous-ordinaux des lettres de la classe correspondant à z.

<u>1.3.10. Lemme.</u> Les conditions $zz' \in \mathcal{D}(\overline{g})$, $zz'' \in \mathcal{D}(\overline{g})$ et $z' \neq z''$ impliquent $zz', zz'' \in \mathcal{D}_F(\overline{g})$.

Même conclusion pour $z'z, z''z \in \mathcal{D}(\overline{g})$, $z' \neq z''$.

(1) z présente des occurrences ultièmes, car sinon le lemme précédent s'appliquerait, donnant $z' = z''$.

Considérons une occurrence du digramme zz'! Il suffit d'étudier le cas où z n'est pas ultième. On a alors :

$$z = \theta^{\natural}(x,j) \; ; \; z' = \theta^{\natural}(x,j+1) \; ; \; x \in X .$$

Soit alors n l'entier <u>minimal</u> tel que l'on ait :

$$\big((x,j), (x', |\theta x'|)\big) \in Œ_{\theta}^{(n)}.$$

En vertu de cette minimalité, la condition :

$$\big((x,j), (x'',k)\big) \in Œ_{\theta}^{(n-1)}$$

implique $k < |\theta x''|$ donc (Cf. le point B. dans la démonstration du Lemme précédent) :

$$\big((x,j+1), (x'',k+1)\big) \in Œ_{\theta}^{(n-1)}.$$

Soit $(x'',k)(x'',k+1) = g^{(m)} g^{(m+1)}$ (ou $g'^{(m)} g'^{(m+1)}$) ; en passant, par une seule application de $Œ_{\theta}$, de $Œ_{\theta}^{(n-1)}$ à $Œ_{\theta}^{(n)}$, on en déduit que zz' admet une occurrence frontalière correspondant à $\bar{g}^{(m)} \bar{g}^{(m+1)}$.

1.3.11. <u>Proposition</u>. Formulation A. Une condition nécessaire et suffisante pour que le digramme zz' soit non frontalier et contienne toutes les occurrences de z ainsi que toutes celles de z' est que l'une au moins des deux conditions suivantes soit vraie : z ne figure jamais à l'ultième des mots $\bar{\theta} x$, $x \in X$; z' ne figure jamais à l'initiale de ces mêmes mots.

Formulation B. Une condition nécessaire et suffisante pour que le digramme $zz' \in \mathcal{D}(\bar{g})$ soit frontalier est que chacune des deux conditions suivantes soit vraie : z figure au moins une fois à l'ultième, z' figure au moins une fois à l'initiale des mots $\bar{\theta} x$.

Preuve.- Les deux formulations sont manifestement équivalentes. Démontrons la proposition sous la formulation A. Il est clair que la condition est nécessaire.

Compte-tenu du Lemme 1.3.9., on aura montré que la condition est suffisante si l'on prouve qu'une lettre z jamais ultième ne partage pas son associée z' avec une autre. Or, si l'on avait $z_1z', zz' \in \mathcal{D}(\bar{g})$ avec $z_1 \neq z$, en vertu du Lemme 1.3.10. zz' serait frontalier et z aurait une occurrence ultième : contradiction.

<u>1.3.12. Définitions.</u> La relation $Cons(f, f', \theta) = Cons_\theta$ est la partie de $\bar{X}_\theta \times \bar{X}_\theta$ définie par :

$$Cons_\theta = \left\{ (z, z') \in \bar{X}_\theta \times \bar{X}_\theta : zz' \in \mathcal{D}(\bar{g}) \setminus \mathcal{D}_F(\bar{g}) \right\}.$$

La relation $\overline{Cons_\theta}$ est la fermeture transitive de la précédente.

<u>1.3.13. Lemme.</u> La relation union de $\overline{Cons_\theta}$ et de l'égalité définit sur chaque classe de transitivité une relation d'ordre total.

Preuve. Si une lettre z est à la fois initiale et ultième, elle est l'élément unique de sa classe de transitivité. Et réciproquement, si une classe est formée d'une lettre unique, celle-ci est à la fois initiale et ultième.

Si une classe comprend plusieurs lettres, chacune admet au plus une suivante par $Cons_\theta$. D'autre part la classe ne peut pas être cyclique, sinon elle contiendrait une lettre à la fois initiale et ultième et n'aurait qu'un élément.

<u>1.3.14. Définition.</u> Une solution en longueurs pures $\theta \in \Phi(t^*)$ est dite de <u>longueur principale</u> et la solution θ-libre associée, soit $\bar{\theta}$, est dite <u>principale</u> si et seulement si $\bar{\theta}$ ne procède d'aucune solution $\bar{\theta}'$ autre qu'elle-même.

<u>1.3.15. Proposition.</u> Une condition nécessaire et suffisante pour que $\bar{\theta}$ soit principale est que chaque lettre de $\bar{X}_\theta$ apparaisse au moins une fois parmi les initiales et au moins une fois parmi les ultièmes des mots $\bar{\theta}x$.

Preuve. – (1) La condition est nécessaire. En effet si $z \in \bar{X}_\theta$ n'a pas d'occurrence ultième il existe, en vertu de la proposition 1.3.11. un digramme $zz' \in \mathcal{D}(\bar{g}) \setminus \mathcal{D}_F(\bar{g})$ contenant toutes les occurrences de z et de z'. Soit alors w

un symbole distingué ; remplaçant dans chaque $\overline{\theta}x$ toute occurrence du digramme zz' par une occurrence de w, on obtient une solution φ de (f,f') dans le monoïde Y^* où

$$Y = (\overline{X}_\theta \setminus \{z,z'\}) \cup \{w\}.$$

La solution $\overline{\theta}$ procède de φ ; et φ, en vertu de la proposition 1.3.6., procède d'une solution $\overline{\theta}'$, avec $\overline{\theta}' \neq \overline{\theta}$, parceque $\theta' \neq \theta$.

(2) La condition est suffisante. En vertu de la proposition 1.3.11. (Cf. Formulation B.), elle implique que tout digramme est frontalier. Les classes de Cons_θ ne contiennent qu'un élément chacune. Il en résulte que la solution $\overline{\theta}$ ne peut procéder d'une autre solution $\overline{\theta}'$ que par le moyen d'un isomorphisme ; d'où $\theta = \theta'$.

<u>1.3.16. Théorème</u>. Soit $\theta : X^* \longrightarrow \{t\}^*$ une solution dans le monoïde cyclique $\{t\}^*$ d'une équation $(f,f') \in X^* \times X^*$. Il existe un ensemble $\widehat{X}$ et une solution $\widehat{\theta} : X^* \longrightarrow \widehat{X}^*$ de cette équation, uniques aux isomorphismes près, qui satisfont aux deux conditions suivantes.

(1) Chaque lettre de $\widehat{X}$ apparaît au moins une fois à l'initiale et au moins une fois à l'ultième dans les mots $\widehat{\theta}x$, $x \in X$.

(2) Toute solution $\varphi : X^* \longrightarrow Y^*$, telle que θ procède de φ, procède elle-même de $\widehat{\theta}$.

Preuve. - A. Appelant <u>dilatation</u> - et désignant par la lettre δ - tout morphisme de monoïdes libres de la forme $\varepsilon\theta^\#$ où, ε étant un isomorphisme, $\theta^\#$ répond à la définition 1.3.4.-2., on a immédiatement les propriétés suivantes :

1) le produit de deux dilatations est une dilatation ;
2) tout morphisme d'un monoïde libre vers un autre est de la forme $\gamma\delta$, avec γ littéral ;
3) si $\overline{\theta}$ est la solution θ-libre de (f,f'), $\delta\overline{\theta}$ en est une autre solution et elle procède au moyen d'un isomorphisme de la solution libre $\overline{\theta}_1$ correspondant au

morphisme $\theta_1 \in \Phi(t^*)$ qui a même longueur que $\delta\overline{\theta}$;

4) inversement, si $\overline{\theta}$ et $\overline{\theta}_1$ sont respectivement les solutions θ-libre et θ_1-libre de (f,f') et si l'on a $\overline{\theta} = \chi\overline{\theta}_1$, alors χ est une dilatation (car on a $\chi = \gamma\delta$ et, si γ n'est pas un isomorphisme, $\overline{\theta}$ n'est pas libre.).

B. Soit $\overline{\theta}$ la solution θ-libre correspondant à $\theta \in \Phi(t^*)$. En vertu de la proposition 1.3.15., une condition nécessaire et suffisante pour que l'on ait $\overline{\theta} = \delta\overline{\theta}_0$, où $\delta : \overline{X}^*_{\theta_0} \to \overline{X}^*_{\theta}$ est une dilatation et θ_0 une solution de longueur principale est que l'ensemble $\delta\overline{X}_{\theta_0}$ soit formé par les classes de transitivité attachées à la relation $Cons_{\theta}$.

C. Soit maintenant $\varphi : X^* \longrightarrow Y^*$ une solution de (f,f') dans Y^* telle que $\theta = \nu\varphi$. En vertu de la proposition 1.3.6., on a $\varphi = \gamma\overline{\theta}_1$, $\theta_1 \in \Phi(t^*)$, γ littéral, ce qui implique l'existence d'un morphisme τ tel que $\theta = \tau\theta_1$. Donc $\tau^{\#}\overline{\theta}_1$ procède de $\overline{\theta}$ au moyen d'un isomorphisme. En vertu de B. on a d'abord $\overline{\theta}_1 = \delta_1\overline{\theta}'_0$, où δ_1 est une dilatation et θ'_0 de longueur principale; mais on a aussi $\tau^{\#}\overline{\theta}_1 = \delta\overline{\theta}_0$. On en déduit $\delta\overline{\theta}_0 = \tau^{\#}\delta_1\overline{\theta}'_0$. En vertu de l'unicité de la solution principale on en conclut que l'on a :

$$\overline{\theta}_1 = \delta_1\overline{\theta}_0 \quad \text{et} \quad \varphi = \gamma\delta_1\overline{\theta}_0 = \psi\,\overline{\theta}_0 .$$

D. Ce qui précède détermine aux isomorphismes près une paire $(\widehat{X}_1, \widehat{\theta})$ vérifiant les deux conditions de l'énoncé. On prendra $\widehat{X}$ tel que $\underset{\sim}{\mathrm{Card}}\,\widehat{X} = \underset{\sim}{\mathrm{Card}}\,\overline{X}_{\theta_0}$ et un isomorphisme $\varepsilon : \overline{X}^*_{\theta_0} \longrightarrow \widehat{X}^*$.

E. Le résultat obtenu justifie le diagramme :

$$\begin{array}{ccc} X^* & \xrightarrow{\quad\theta\quad} & t^* \\ {\scriptstyle\widehat{\theta}}\downarrow & \searrow{\scriptstyle\varphi = \psi\widehat{\theta}} & \uparrow{\scriptstyle\nu} \\ \widehat{X}^* & \xrightarrow[\quad\psi\quad]{} & Y^* \end{array}$$

1.3.17. Corollaire I. Toute solution procède d'une solution $\hat{\theta}$-principale.

Corollaire II. Si p est le plus grand diviseur commun aux entiers $|\theta x|$, $x \in X$, pour $\theta \in \Phi(t^*)$ et si θ' est défini par $|\theta' x| = \frac{1}{p} |\theta x|$ pour tout $x \in X$, alors $\bar{\theta}$ et $\bar{\theta}'$ procèdent de la même solution $\hat{\theta}$-principale.

1.3.18. Définition. Etant donnée une équation $(f,f') \in X^*_{\times} X^*$, nous définissons l'entier :

$$\text{par}(f,f') = \text{Max}\left\{ \text{Card}\, \overline{X}_{\theta} : \hat{\theta} \text{ étant principale} \right\}.$$

1.3.19. Théorème. On a l'inégalité stricte :

$$\text{par}(f,f') < \text{Card}\, X_{f,f'} ,$$

si et seulement si (f,f') est propre.

Preuve.- De la définition de par (f,f') résulte :

$$\text{par}(f,f') = \text{Max}\left\{ \text{Card}\left\{ \theta^{\natural}(x,1) : x \in X_{f,f'} \right\} : \theta \text{ de longueur principale} \right\}.$$

Or il y au au moins deux initiale de X_θ dans la même classe si et seulement si (f,f') est propre.

Remarque.- La valeur $-1 + \text{Card}\, X_{f,f'}$ peut être atteinte. On en aura un exemple en 1.3.20., mais on voit tout de suite qu'il suffit de prendre pour (f,f') :

$$f = x_1 \text{ et } f' \text{ tel que } X_{f'} = X \setminus \{x_1\}.$$

1.3.20. Interprétation équationnelle du Lemme de F.W. Levi. Etant donné l'importance fondamentale du lemme de F.W. Levi [Levi 14] en théorie des monoïdes libres, il paraît indispensable d'en donner la version équationnelle.

Selon la formulation de cet Auteur, si quatre mots a, b, c, d appartenant à un monoïde libre vérifient la relation $ab = cd$, alors :

1) si $|a| > |c|$, il existe un mot f unique dans le

monoïde, tel que $a = cf$ et $d = fb$;

2) si $|a| = |c|$, alors $a = c$ et $b = d$;

3) si $|a| < |c|$, alors il existe dans le monoïde un mot unique f tel que $af = c$ et $b = fd$.

Dans la perspective du présent ouvrage, on peut dire :

les solutions principales $\Psi(ab, cd; W^*)$ de l'équation (ab, cd) sont caractérisées par

Card W = par $(ab, cd) = 3$ et, posant $W = \{u, v, w\}$,

$\psi a = uv$, $\psi b = w$, $\psi c = u$, $\psi d = vw$ ou $\psi a = u$, $\psi b = vw$, $\psi c = uv$, $\psi d = w$.

1.4. Equations équilibrées.

1.4.1. Les propriétés des solutions principales conduisent à s'intéresser aux équations dont les deux membres appartiennent à la même classe abélienne (équations équilibrées) et à poser à leur propos le problème défini plus bas, dont la formulation appelle une définition préalable.

1.4.2. Définition. Soit $(f, f') \in X^* \times X^*$, avec $X_{f,f'} = X$, une équation équilibrée, à initiales et ultièmes respectivement différentes :

$$f^{(1)} \neq f'^{(1)} \text{ et } f^{(r)} \neq f'^{(r)} ; \; r = |f| = |f'|.$$

A (f, f') nous associons deux alphabets par la construction suivante.

a) A l'ensemble X nous associons deux ensembles de même cardinalité, à savoir ^-X et ^+X, en bijection canonique avec X.

b) L'alphabet $^-\mathcal{A}(f, f') = {}^-\mathcal{A}$ provient de ^-X par identification de $^-f^{(1)}$ avec $^-f'^{(1)}$;

de même l'alphabet $^+\mathcal{A}(f, f') = {}^+\mathcal{A}$ provient de ^+X par identification de $^+f^{(r)}$ avec $^+f'^{(r)}$.

<u>1.4.3. Problème aux frontières.</u> Nous appelons <u>problème aux frontières</u>, en abrégé (PF), relatif à une équation équilibrée $(f,f') \in X^* \times X^*$ à initiales et à ultièmes respectivement distinctes, le problème suivant.

Déterminer une paire $\langle C, \omega \rangle$, où C désigne un ensemble et ω une surjection sur C de l'ensemble $^{-}\mathfrak{A} \cup {}^{+}\mathfrak{A}$ (Définition 1.4.2.), paire telle que :

(1) $\omega\,{}^{-}\mathfrak{A} = \omega\,{}^{+}\mathfrak{A} = C$;

(2) dans le monoïde $(C \times C)^*$, les mots :

$$\omega\left({}^{+}f^{(1)}\,{}^{-}f^{(2)}\right)\omega\left({}^{+}f^{(2)}\,{}^{-}f^{(3)}\right)\ldots\omega\left({}^{+}f^{(i)}\,{}^{-}f^{(i+1)}\right)\ldots\omega\left({}^{+}f^{(r-1)}\,{}^{-}f^{(r)}\right)$$

et

$$\omega\left({}^{+}f'^{(1)}\,{}^{-}f'^{(2)}\right)\omega\left({}^{+}f'^{(2)}\,{}^{-}f'^{(3)}\right)\ldots\omega\left({}^{+}f'^{(i)}\,{}^{-}f'^{(i+1)}\right)\ldots\omega\left({}^{+}f'^{(r-1)}\,{}^{-}f'^{(r)}\right)$$

appartiennent à la même classe abélienne.

<u>1.4.4. Théorème.</u> Toute solution principale $\hat{\theta}$ de l'équation équilibrée (f,f') à initiales et à ultièmes respectivement distinctes fournit une solution du problème aux frontières pour cette équation.

Il suffit de prendre $C = \overline{X}_\theta$ et pour $\omega\,{}^{-}f^{(i)}$, $\omega\,{}^{-}f'^{(i)}$, $\omega\,{}^{+}f^{(i)}$, $\omega\,{}^{+}f'^{(i)}$ respectivement l'initiale de $\hat{\theta}f^{(i)}$, l'initiale de $\hat{\theta}f'^{(i)}$, l'ultième de $\hat{\theta}f^{(i)}$, l'ultième de $\hat{\theta}f'^{(i)}$.

Preuve.– La condition (1) est vérifiée du fait que $\hat{\theta}$ est une solution principale.
La condition (2) est vérifiée en vertu de la proposition ci-après.

<u>1.4.5. Proposition.</u> Soit $\varphi : X^* \longrightarrow Y^*$ une solution d'une équation équilibrée (f,f') et soit $\Delta_i \in (\varphi X)^2$ le digramme

obtenu en prenant la dernière lettre de $\varphi f^{(i)}$ et en la faisant suivre de la première lettre de $\varphi f^{(i+1)}$ — et notations analogues relativement à f' — alors, dans le monoïde $(\varphi X \times \varphi X)^*$, les deux mots $\Delta_1 \Delta_2 \ldots \Delta_{|f|-1}$ et $\Delta'_1 \Delta'_2 \ldots \Delta'_{|f|-1}$ appartiennent à la même classe abélienne.

Preuve.- On a d'une part $\varphi f = \varphi f'$. D'autre part, l'équation étant équilibrée, il existe au moins une bijection de l'ensemble des occurrences des x_i dans le mot f sur celui des occurrences de ces mêmes x_i dans le mot f'.

Cette bijection se prolonge en une bijection des occurrences intérieures des digrammes.

Les deux faits entraînent la conclusion annoncée pour les deux ensembles d'occurrences frontalières de digrammes.

1.4.6. Définition. Pour une équation équilibrée (f,f') à initiales et ultiemes respectivement distinctes, on appellera *indice frontalier* et l'on désignera par $\mathrm{ifro}(f,f')$ le naturel défini par :

$$\mathrm{ifro}(f,f') = \mathrm{Max}\{\mathrm{Card}\ C : \langle \omega, C \rangle \text{ solution de } (\mathrm{PF})\}.$$

1.4.7. Corollaire (du Th. 1.4.5.) Les entiers $\mathrm{par}(f,f')$ et $\mathrm{ifro}(f,f')$ vérifient l'inégalité :

$$\mathrm{par}(f,f') \leq \mathrm{ifro}(f,f').$$

2. Quelques équations particulières.

2.1. Compléments sur le multigraphe $\mathbb{P}_\theta$.

<u>2.1.1. Définition</u>. On appellera <u>bidegré en</u> x de l'équation (f,f') le nombre total des occurrences de x dans f et f'.

<u>2.1.2. Lemme</u>. Le degré du sommet (x,i) dans le multigraphe $\mathbb{P}_\theta = \mathbb{P}(f,f';\theta)$ est égal au bidegré en x de (f,f')

Preuve.- Immédiate.

<u>2.1.3. Lemme.</u> Si l'équation (f,f') est de bidegré 2 pour tout $x \in X$, les composantes connexes de $\mathbb{P}_\theta$ sont représentables par des polygones fermés sans point double.

Preuve. - Immédiate.

N.B. Nous dirons en ce cas que les classes sont <u>cycliques.</u>

<u>2.1.4. Définition.</u> A étant une partie de $\mathbb{P}(f,f';\theta)$, nous dirons que A est <u>redondante</u> si et seulement si chaque composante connexe de $\mathbb{P}_\theta$ porte une et une seule composante connexe de $\mathbb{P}_\theta \setminus A$.

<u>2.1.5. Principe de la coïncidence restreinte</u>. A étant une partie redondante, désignant par $Œ'_\theta = Œ_\theta \setminus Œ_A$ la projection de $\mathbb{P} \setminus A$ sur $X_\theta \times X_\theta$, on voit qu'il est loisible d'identifier l'ensemble $\overline{X}'_\theta = X_\theta / \overline{Œ}'_\theta$ à l'ensemble $\overline{X}_\theta = X_\theta / \overline{Œ}_\theta$, ainsi que le morphisme naturel $\theta'^{\natural}$ au morphisme naturel $\theta^{\natural}$.

On obtient donc la solution θ-libre, $\theta^{\natural}\theta^{\#} = \theta'^{\natural}\theta'^{\#}$, en utilisant seulement une coïncidence RESTREINTE PAR LA SUPPRESSION DES ORDINAUX QUI FIGURENT DANS A.

2.1.6. Lemme. Tout triplet (y_α, y_β, j) qui appartient à un cycle de $\mathbb{P}(f, f'; \theta)$ en est une partie redondante.
Preuve.- La suppression d'une arête qui joint y_α et y_β ne détruit pas la connexité de la composante intéressée.

2.1.7. Lemme. Toutes les classes $z, z', \dots$ appartenant à une même classe de transitivité de la relation Cons_θ donnent des composantes connexes qui sont des multigraphes isomorphes en tant que multigraphes valués.
Ces multigraphes sont isomorphes à la composante correspondante dans $\mathbb{P}(f, f'; \hat{\theta})$, où $\hat{\theta}$ est la solution principale dont procède θ.
Preuve.- Résulte immédiatement du théorème 1.3.16. Pour deux arêtes homologues, la différence des valuations est égale à la différence des sous-ordinaux attachés aux sommets homologues. Dans $\mathbb{P}_{\hat{\theta}}$, ces composantes isomorphes sont "contractées" en une seule.

2.2. Egalité de deux puissances.

2.2.1. L'équation (ab, ba). L'équation (ab, ba) étant à la fois équilibrée et propre sur $X = \{a, b\}$ de cardinalité 2, on a:

$$0 < \mathrm{par}\,(ab, ba) \leq 1,$$

d'où:

$$\mathrm{par}\,(ab, ba) = 1.$$

Il en résulte que les solutions principales $\Psi(ab, ba; W^*)$ sont données par:

$$W = \{u\};\ \psi a = u^p,\ \psi b = u^q;\ p, q \in \mathbb{N};\ \mathrm{pgcd}\,(p, q) = 1.$$

2.2.2. Restriction de la coïncidence. L'équation (ab, ba) -

étant de bidegré 2 en a et b, les composantes sont donc cycliques et la coïncidence peut être restreinte par la suppression d'un ordinal dans chaque classe.

Si pgcd $(|\theta a|, |\theta b|) = 1$, on pourra donc enlever un ordinal et un seul; si pgcd $(|\theta a|, |\theta b|) = \Delta$, on pourra enlever par exemple Δ ordinaux consécutifs.

Une autre façon d'énoncer ce résultat est la suivante.

2.2.3. Proposition. Une condition nécessaire et suffisante pour que deux mots $a, b \in X^*$ soient puissances d'un même mot est que les mots ab et ba admettent un facteur gauche (ou droit) commun, de longueur $|a| + |b| - \text{pgcd}(|a|, |b|)$.

2.2.4. L'équation (a^m, b^n). Un raisonnement analogue à celui qui a été fait à propos de l'équation (ab, ba) montre que les solutions principales de l'équation (a^m, b^n) sont données par :

$$W = \{u\}\ ;\ \varphi a = u^p, \varphi b = u^q;\ \text{pgcd}(p, q) = 1;\ pm = qn.$$

2.2.5. Restriction de la coïncidence. Posons $|a| = \alpha$, $|b| = \beta$ et supposons $\alpha > \beta$, d'où $\alpha = \beta q + \beta_1$, $0 \leq \beta_1 < \beta$. Si l'on a $a^m = b^n$, le Lemme de Levi (1.3.20.) permet d'écrire:

$$a = b^q b_1\ ,\ b = b_1 b_2\ ;\ |b_1| = \beta_1 .$$

Le mot a^2 contient le facteur gauche $b^q b_1 b_1 b_2$, de longueur $\alpha + \beta$. Un facteur gauche de cette longueur dans b^n (n assez grand) est $b^q b_1 b_2 b_1$.

En utilisant, pour $b_1 b_2$ et $b_2 b_1$, les résultats acquis en 2.2.2. et 2.2.3. on obtient immédiatement la proposition suivante.

2.2.6. Proposition. Une condition nécessaire et suffisante pour que deux mots $a, b \in X^*$ soient puissances d'un même mot est que deux puissances a^m et b^n de ces mots coïncident sur un facteur gauche (ou droit) de longueur $|a| + |b| - \text{pgcd}(|a|, |b|)$.

2.3. Sesquipuissances.

2.3.1. Définition. Pour $u, v \in Y^*$, une sesquipuissance attachée au couple (u, v) est un mot de la forme :

$$(uv)^k u \ ; \ k \in \mathbb{N}.$$

Nous poserons $\mathrm{Sesq}[u, v; k] = (uv)^k u$, et nous introduirons la terminologie suivante.

$\mathrm{Sesq}[u, v, 0] = u$, est une u,v-sesquipuissance au sens large ;

$\mathrm{Sesq}[u, v, k], k \geq 1$, " " " " " strict ;

$\mathrm{Sesq}[u, v, 1] = uvu$ " " " sesquiunaire ;

$\mathrm{Sesq}[u, v, k], k \geq 2$, " " " sesquiforte.

2.3.2. Identités. On établit immédiatement les deux identités suivantes relatives à l'opérateur Sesq.

(1) $\mathrm{Sesq}[u, v; k] \, \mathrm{Sesq}[v, u; \ell] = (uv)^{k+\ell+1}$.

Nous dirons que $\mathrm{Sesq}[u, v; k]$ et $\mathrm{Sesq}[v, u; \ell]$ sont en alternance.

(2) $\mathrm{Sesq}\big[\mathrm{Sesq}[u, v; i], \mathrm{Sesq}[v, u; j]; k\big]$

$$= \mathrm{Sesq}\big[u, v; k(i+j+1)+i\big].$$

2.3.3. L'équation (ab, bc). L'équation (ab, bc) admet une infinité de solutions en longueurs pures caractérisées par $\theta a = \theta c$.

L'égalité $ab = bc$ implique $abc = bcc$, donc $aab = bcc$ et, pour tout naturel m :

$$a^m b = b c^m.$$

Il en résulte que l'on a nécessairement des égalités de la forme :

$$a = a_1 a_2 \; ; \; b = a^n a_1 \; ; \; c = a_2 a_1 .$$

Ces égalités sont suffisantes, de sorte que la famille des solutions principales $\Psi\,(ab, bc\,;\, W^*)$ sont données par :

par $(ab, bc) = 2$ et, en posant $W = \{u, v\}$,

$$\psi a = uv \; ; \; \psi b = \mathrm{Sesq}[u, v; n] \; ; \; \psi c = vu .$$

<u>2.3.4. L'équation $((ab)^m a, (cd)^n c)$</u>. L'identité 2.3.2. (2) montre que l'équation obtenue en posant l'égalité de deux sesquipuissances admet des solutions à deux paramètres. Il reste à savoir s'il peut y avoir d'autres solutions.

I. L'égalité $(ab)^m a = (cd)^n c$ implique que $(ab)^{m+1}$ et $(cd)^{n+1}$ coïncident sur un facteur gauche de longueur :

$$m\,|ab| + |a| = n\,|cd| + |c| = \tfrac{1}{2}\, m\,|ab| + \tfrac{1}{2}\, n\,|cd| + \tfrac{1}{2}\,|ac| .$$

Pour $m, n \geq 2$, les mots ab et cd sont deux puissances d'un même mot, et l'on en déduit aisément que

> *Une équation dont les deux membres sont des sesquifortes n'admet que les solutions à deux paramètres prévues par l'identité 2.3.2. (2).*

II. Reste le cas où l'un (au moins) des deux membres est sesquiunaire, par exemple $(aba, (cd)^n c)$.
Supposons réalisée l'égalité et appliquons le lemme de Levi.

A. $|a| < |c|$. On en déduit que a et c sont donnés par la résolvante $c = ax = ya$, et b par

$$b = x\; \mathrm{Sesq}[d, c; n-1]\; y .$$

Il existe donc des solutions à trois paramètres, données par $W = \{u, v, w\}$ et :

$$\psi a = \mathrm{Sesq}[u, v; k] \; ; \; \psi b = vu\; \mathrm{Sesq}\big[w, \mathrm{Sesq}[u, v; k+1]; n-1\big]$$
$\hookrightarrow uv$

$$\psi c = \mathrm{Sesq}[u, v; k+1] \; ; \; \psi d = w .$$

B. $|a| = |c|$ donne la seule possibilité $a = c$, $b = d$.

C. $|a| > |c|$. C_1 : $a = (cd)^\lambda c_1 = c_2 (dc)^\lambda$ implique

$$c_1 = c_2 = f \quad \text{et} \quad x(df) = (df)\,x \; ;$$

on retombe sur les solutions à deux paramètres.

C_2 : $a = (cd)^{\lambda} c d_1 = d_2 c (dc)^{\lambda}$, avec $d = d_1 d'' = d' d_2$.
La seule possibilité de solutions à trois paramètres est :

$\lambda = 0$, $n \geq 2$, avec

$a = c d_1 = d_2 c$; ce qui introduit deux paramètres; et :

$d = d_1 w d_2$; ce qui introduit un troisième paramètre w, d'où

$$b = w\, d_2 (cd)^{n-2} c\, d_1 w.$$

2.3.5. Proposition. Une équation dont les membres sont deux sesquipuissances, l'une sesquiunaire et l'autre stricte (quelconque) admet des solutions principales à trois paramètres.

2.4. Equations $(a^m, b^n c^p)$.

2.4.1. Généralités. La résolution de l'équation $(a^m, b^n c^p)$ étant immédiate pour $m = 1$, on supposera $m \geq 2$.

L'équation admet manifestement une infinité de solutions en longueurs pures. Comme elle est propre sur $\{a, b, c\}$ de cardinalité 3, la question se pose de savoir si elle admet des solutions principales à 2 paramètres. On établira qu'il en est ainsi à la condition nécessaire et suffisante que $\min(n, p) = 1$.

Soit $\hat{\theta}$ une solution principale que nous supposons être à deux paramètres sur $W = \{u, v\}$. Par abus d'écriture, et pour éviter des notations trop lourdes, nous écrirons a, b, c au lieu de $\hat{\theta} a$, $\hat{\theta} b$, $\hat{\theta} c$, respectivement.

Désignons par χ le morphisme ("en chiasme") $\chi : W^* \longrightarrow W^*$, tel que :

$$\chi u = v, \quad \chi v = u.$$

La relation : $\quad a^m = b^n c^p \quad (1)$

implique :

$$c^p b^n = a'^m \quad (2) \ ,$$

où le mot a' est un conjugué de a. Puis, en considérant les images par miroir des trois mots :

$$\tilde{a}'^m = \tilde{b}^n \tilde{c}^p \ (3).$$

Comme $\hat{\theta}$ est principale, (3) ne peut différer de (1) que par la notation.

On ne peut pas avoir $a = \chi\tilde{a}'$, $b = \chi\tilde{b}$, $c = \chi\tilde{c}$, car ce fait implique que les nombres des occurrences de u est, dans chaque mot, égal à celui des occurrences de v. Les trois longueurs seraient paires, donc non premières entre elles, alors qu'elles le sont nécessairement. Il en résulte que :

$$a = \tilde{a}', \ b = \tilde{b}, \ c = \tilde{c}.$$

De ce fait, le multigraphe $\mathbb{P}(a^m, b^n c^p ; \hat{\theta})$ est symétrique. La loi de symétrie est :

$$(b,i) \longleftrightarrow (b,i') \ , \quad i+i' = |b|+1 \ ;$$
$$(c,i) \longleftrightarrow (c,i') \ , \quad i+i' = |c|+1 \ ;$$
$$j \longleftrightarrow j' \ , \quad j+j' \equiv n|b|+1 \ (\mathrm{mod}\,|a|)$$

pour les ordinaux.

Pour une solution non principale θ qui procède de $\hat{\theta}$, on a la symétrie induite par l'isomorphisme des composantes (Lemme 2.1.7.).

<u>2.4.2. Lemme</u>. Pour $m, n, p \geq 2$, chaque triplet $(y_\alpha, y_\beta, j) \in \mathbb{P}(a^m, b^n c^p ; \theta)$ est une partie redondante.

Preuve. — Soit $\hat{\theta}$ une solution principale de l'équation $(a^m, b^n c^p)$ et soit l'équation auxiliaire $(a^m, b^n d)$. Pour l'équation auxiliaire, une solution en longueurs pures θ' est donnée par $|\theta' a| = |\hat{\theta} a|$, $|\theta' b| = |\hat{\theta} b|$, $|\theta' d| = p|\hat{\theta} c|$.

$\mathbb{P}(a^m, b^n d ; \theta')$ possède la propriété de symétrie (2.4.1.)

Si deux sommets symétriques (d,α), (d,β) ne peuvent pas être joints sans passer par l'arc d'ordinal 1 (resp. $m|\hat{\theta}a|$), alors dans le passage de $\mathbb{P}(a^m, b^n d\,;\theta')$ à $\mathbb{P}(a^m, b^n c^p; \hat{\theta})$, où $p \geq 2$, il s'établit entre eux, en tant que (c,i), une nouvelle liaison.

<u>2.4.3. Théorème.</u> L'équation $(a^m, b^n c^p)$ pour $m, n, p \geq 2$ n'admet que des solutions principales à un paramètre.

Preuve.– Avec les notations introduites en 2.4.1. supposons que la finale et l'initiale de b soit u, et que l'initiale et la finale de c soit v. Alors le digramme uv admet une seule occurrence frontalière. La coïncidence peut être restreinte en enlevant respectivement à la classe de u et à la classe de v l'occurrence de u (resp. v) de ce digramme. Chacune des classes reste parcourue entièrement, donc la consécution uv subsiste : contradiction.

<u>2.4.4. Equations (a^m, bc).</u> L'identité 2.3.2.(1) montre que cette équation (avec toujours $m > 1$) admet des solutions principales à deux paramètres qui correspondent à des sesquipuissances en alternance :

$$\varphi b = \mathrm{Sesq}[u, v; k], \quad \varphi c = \mathrm{Seq}[v, u; m-k-1]$$

$$0 \leq k \leq m-1.$$

Il est clair qu'il n'y en a pas d'autres.

<u>2.4.5. Equations $(a^m, b^n c)$ avec $m, n \geq 2$.</u>

1° Une remarque d'ordre général.

Si $\varphi : X^* \to W^*$ est une solution de l'équation (f, f') et s'il existe $y \in X$ et $u \in W$ tels que $\varphi y = u$, alors φ reste solution de l'équation $(\mu f, \mu f')$ où $\mu : X^* \to X^*$ est le morphisme tel que

$$\mu x = x, \text{ si } x \neq y\,;$$

$$\text{et } \mu y = y^n \text{ et } n \in \mathbb{N}.$$

De plus, si φ est principale pour (f, f'), elle le reste pour $(\mu f, \mu f')$.–

2° Cette remarque, que l'on justifie aisément, montre à partir de 2.4.4. l'existence de solutions principales de la forme :

$$W = \{u, v\} ; \varphi a = u^n v ; \varphi b = u ; \varphi c = Sesq[v, u^n ; m-1] .$$

3° Une condition nécessaire pour la non trivialité des solutions est $(n-1)|b| < |a| - 1$. Le cas $n|b| < |a|$ est couvert par 2° et l'on a donc nécessairement

$$a = b^{n-1} b_1 , \quad b = b_1 b_2 .$$

Deux facteurs gauches de a^m sont respectivement

$$b^{n-1} b_1 b_1 b_2 \quad \text{et} \quad b^{n-1} b_1 b_2 .$$

On en déduit $b = b_1 b_2 = b_2 b'$, ce qui conduit finale- aux solutions principales :

$$\varphi a = Sesq[u, v ; k]^{n-1} uv ; \varphi b = Sesq[u, v ; k] ;$$

φc étant donné par le facteur droit convenable de $(\varphi a)^m$.

On notera, pour $n = 1$, la réalisation de $a^2 = b^2 c$, par :

a	a
uvuuv	uvuuv

b	b	c
uvu	uvu	uuv

3. Systèmes de bimots.

3.1. Les p-opérations.

3.1.1. Notations et terminologie. L'intérêt même de la théorie des équations dans les monoïdes libres invite à se dégager du point de vue étroitement équationnel et à se placer dans un cadre plus large. C'est à cette fin que nous introduisons la terminologie suivante.

a) Un couple rangé $(f, f') \in X^* \times X^*$ est un bimot, lequel est plein si et seulement si aucun de ses membres f, f' n'est égal au mot vide e;

b) le bimot (g, g') (resp. (h, h')) est dit bifacteur gauche (resp. droit) de (f, f') si et seulement si l'on a $(f, f') = (gh, g'h')$; un bifacteur est propre si et seulement s'il est plein;

c) un bimot est équilibré si et seulement si les deux membres appartiennent à la même classe abélienne;

d) un bimot sera dit primaire à gauche (resp. droite) si et seulement s'il n'admet aucun bifacteur gauche (resp. droit) qui soit à la fois équilibré et plein;

e) un bimot sera dit indécomposable si et seulement s'il est primaire à gauche et primaire à droite; dans le cas contraire il sera dit décomposable.

<u>3.1.2. Définitions.</u> a) Soit (f, f') un bimot à initiales distinctes. Nous appelons <u>morphisme de pivot initial gauche</u> et désignons par π_{ig} le morphisme $\pi_{ig} : X^* \longrightarrow X^*$ tel que :

$$\pi_{ig}\, x = \begin{cases} x, \text{ si } x \neq f^{(1)}; \\ f'^{(1)} f^{(1)} \text{ sinon.} \end{cases}$$

De même, nous appelons <u>morphisme de pivot initial droit</u> et désignons par π_{id} le morphisme tel que :

$$\pi_{id}\, x = \begin{cases} x, \text{ si } x \neq f'^{(1)}; \\ f^{(1)} f'^{(1)} \text{ sinon.} \end{cases}$$

Pour un bimot (f, f') à ultièmes distinctes, nous définissons de manière analogue les morphismes de pivot ultième gauche π_{ug} et droit π_{ud}.

b) Soit (f, f') un bimot à initiales distinctes. En privant le bimot $(\pi_{ig} f, \pi_{ig} f')$ de son bifacteur gauche $(f'^{(1)}, f'^{(1)})$, on obtient un bimot (g, g'). Nous posons :

$$(g, g') = pig\,(f, f').$$

L'opération unaire de <u>pivot</u> <u>initial</u> <u>gauche</u> (en bref, pig) fait donc passer de $(f, f') = (f^{(1)} f_1, f'^{(1)} f'_1)$ à

$$(f^{(1)} \pi_{ig} f_1, \pi_{ig} f'^{(1)}).$$

Nous définissons de la même manière l'opération de <u>pivot</u> <u>initial</u> <u>droit</u> (en bref pid) et, pour un bimot à ultièmes distinctes, les opérations de <u>pivot</u> <u>ultième</u> <u>gauche</u> (pug) et <u>droit</u> (pud).

Ces quatre opérations unaires seront nommées les p-<u>opérations</u>; elles se répartissent en deux pi-<u>opérations</u> et deux pu-<u>opérations</u>.

c) en accord avec cette terminologie, nous remplaçons la locution « bimot à initiales (resp. ultièmes) distinctes » par la locution « bimot pi-transformable (resp. pu-transformable) ». Nous dirons enfin qu'un bimot est pp-transformable si et seulement s'il est à la fois pi et pu-transformable.

d) Par convention, si (f, f') n'est pas plein, nous posons :

$$p\alpha(f, f') = (f, f') \; ; \; p\alpha \in \{pig, pid, pug, pud\};$$

le seul but de cette convention étant de faciliter l'expression de certains énoncés.

3.1.3. Lemme. Etant donné un bimot (g, g') pi-transformable, il existe un bimot (f, f') — unique dès lors qu'il existe — à la condition nécessaire et suffisante que toute (éventuelle) occurrence de la lettre $g^{(1)}$ autre que l'occurrence initiale soit précédée d'une occurrence de la même lettre fixe $v \neq g^{(1)}$.

Preuve. – Immédiate.

Remarques. (1) Dans le cas où existe (f, f'), son unicité autorise à écrire $(f, f') = pig^{-1}(g, g')$.

(2) Chacune des p-opérations donne lieu à un énoncé analogue.

(3) On démontre par récurrence que s'il existe un bimot (f, f') tel que :

$$q_\omega \cdots q_2 q_1 (g, g') = (f, f'); \; 1 \leq i \leq \omega \; ; \; q_i \in \{pig^{-1}, pid^{-1}, pug^{-1}, pud^{-1}\};$$

alors ce bimot est unique.

3.1.4. Notations. On introduit deux paires de symboles parenthétiques :

$$[_i \text{ et }]_i \text{ d'une part, } [_u \text{ et }]_u \text{ d'autre part,}$$

et on pose $X_p = X \cup \{[_i,]_i, [_u,]_u\}$.

3.1.5. Définitions. Dans le cas où $(g, g') = pig(f, f')$, nous définissons l'opération de retour parenthésé pour l'initiale gauche, en bref opération rig, de la façon suivante.

Désignons $g^{(1)}$ par u et soit v la lettre définie en 3.1.3. Alors, dans le bimot :

$$(vg, vg')$$

nous parenthésons, au moyen de la paire indicée par i, toutes les occurrences du digramme vu, chacune fournissant une occurrence du mot $[_i\, vu\,]_i$. Le bimot ainsi obtenu dans $X_p^* \times X_p^*$ est par définition le résultat $\text{rig}(g, g')$ que donne l'opération rig appliquée à (g, g').

Exemple.
$$\begin{aligned}
(g\ ,\ g') &= (\ acbbac,\ ccbaba),\\
(bg\ ,bg') &= (bacbbac,\ bccbaba),\\
\text{rig}(g\ ,\ g') &= ([ba]_i cb[ba]_i c,\ bcc[ba]_i[ba]_i),
\end{aligned}$$
alors que $\text{pig}^{-1}(g\ ,\ g') = (\ acb\ \ ac, bcc\ a\ \ a)$.

Remarques. (1) On passe du bimot $\text{pig}^{-1}(g, g')$ au bimot $\text{rig}(g, g')$ en appliquant la règle de réécriture:

$$[_i\, vu\,]_i \longrightarrow u.$$

(2) On définit d'une manière analogue l'opération de <u>retour parenthésé pour l'initiale droite</u>, soit rid, ainsi que les opérations rug et rud, celles-ci utilisant les parenthèses d'indice u.

(3) Si l'on a, avec les notations introduites en 3.1.3. Rem. (3):

$$q_\omega \cdots q_2 q_1 (g, g') = (f, f')\ ,$$

on définit par récurrence le bimot parenthésé :

$$r_\omega \cdots r_2 r_1 (g, g') = (\hat{f}, \hat{f}')\ ,$$

chaque occurrence q_λ étant remplacée par une occurrence de l'opérateur correspondant $r_\lambda \in \{\text{rig}, \text{rid}, \text{rug}, \text{rud}\}$.

Le bimot $(\hat{f}, \hat{f}')$ se découpe en groupements parenthétiques maximaux pour la relation d'inclusion (une lettre isolée devant être assimilée à un tel groupement). Chacun de ces groupements contient une occurrence distinguée d'un certain $x \in X$. Désignant par P_x le groupement associé à -

x, on passe de $(\hat{f}, \hat{f}')$ à (f, f') en appliquant la règle de réécriture :

$$P_x \longrightarrow x .$$

En particulier, si tous les r_λ appartiennent à $\{rig, rid\}$, la lettre x figure la plus à droite dans P_x.

Exemple. Afin de faciliter la lecture des calculs, on a écrit les bimots (g, g') sous la forme $\begin{pmatrix} g \\ g' \end{pmatrix}$. D'autre part, on n'a pas écrit les indices i.

$$\begin{pmatrix} a & b & c & d & g & h \\ h & c & b & g & d & a \end{pmatrix}$$

$$\begin{pmatrix} [d & a] & b & c & d & g & & h \\ d & h & c & b & g & [d & & a] \end{pmatrix}$$

$$\begin{pmatrix} c & [d & a] & b & [c & d] & g & & h \\ [c & d] & h & c & b & & g & [d & a] \end{pmatrix}$$

$$\begin{pmatrix} [h & c] & [d & a] & b & [c & d] & g & & h \\ h & [c & d] & [h & c] & b & & g & [d & a] \end{pmatrix}$$

$$\begin{pmatrix} [[c & d] & [h & c]] & [d & a] & b & [c & d] & g & & h \\ [c & d] & h[[c & d] & [h & c]] & b & & g & [d & a] \end{pmatrix}$$

ce dernier bimot correspond à :

$$\begin{pmatrix} & & c & a & b & & d & g & h \\ d & h & & & c & b & g & & a \end{pmatrix}.$$

<u>3.1.6. Proposition</u>. Soit, avec les notations de 3.1.5.

$$q_\omega \cdots q_2 q_1 (g, g') = (f, f') ,$$

et

$$r_\omega \cdots r_2 r_1 (g, g') = (\hat{f}, \hat{f}') .$$

Soit d'autre part $\varphi : X^* \longrightarrow Y^*$ une solution de l'équation (g, g') ; soit encore $\hat{\varphi}$ le morphisme obtenu en étendant φ à X_P^* par $\hat{\varphi} z = e$, pour $z \in \{[_i,]_i, [_u,]_u\}$.

On obtient une solution $\psi : X^* \longrightarrow Y^*$ de (f, f') en prenant : $\varphi x = \hat{\varphi} P_x$; $x \in X$; P_x défini en 3.1.5.(3).

Preuve. – Résulte immédiatement des constructions faites en 3.1.5.

3.2. Les p-systèmes.

<u>3.2.1. Terminologie</u>. En <u>Algèbre générale</u> (synonyme : <u>Algèbre universelle</u>), on appelle <u>Système algébrique</u> un objet :

$$\langle \mathbf{T} ; \square, \square', \square'', \ldots ; \mathcal{R}, \mathcal{R}', \mathcal{R}'', \ldots \rangle$$

où $\mathbf{T}$ est un ensemble sous-jacent ; $\square$ etc... diverses opérations (zéroaires, unaires, binaires, ...) ; $\mathcal{R}$ etc... diverses relations (ou prédicats).

Conformément à cette terminologie générale, nous qualifierons de <u>p-systèmes</u> les systèmes algébriques ayant comme ensemble sous-jacent une partie $B \subset X^* \times X^*$ et, comme opérations, tout ou partie des p-opérations et de leurs inverses.

L'intérêt équationnel des p-systèmes est garanti par la proposition 3.1.6.

<u>3.2.2. Lemme.</u> Dans $X^* \times X^*$, chacune des parties B_X^{pi}, B_X^{pu}, B_X^{pp} formée par les bimots qui sont respectivement pi, pu et pp-transformables, est stable pour les opérations qui la concernent.

Preuve. – Si (f, f') n'est pas plein, la proposition est vraie par convention. On supposera donc :

$$(f, f') = (xg, yg') ; \; x, y \in X ; \; x \neq y ; \; g, g' \in X^*.$$

a) Si $g' \notin xX^*$, $pig(f,f') = (x\pi_{ig}\, g, \pi_{ig}\, g')$; $\pi_{ig}\, g' \notin xX^*$

b) Si $g' = xg''$, $pig(f,f') = (x\pi_{ig}\, g, yx\pi_{ig}\, g'')$; $x \neq y$.

<u>3.2.3. Notations.</u> Pour $(f,f') \in B_X^{pi}$, nous désignons par $Pi(f,f')$ (resp. $P\bar{i}(f,f')$) la partie de B_X^{pi} qui contient (f,f') et qui est fermée pour les opérations pig et pid (resp. pig, pid, pig^{-1}, pid^{-1}).
Notations analogues : Pu, Pv, Ppp, P$\bar{p}$p.

Remarque. Il est clair que l'on a $Pi(f,f') \subseteq P\bar{i}(f,f')$, l'inclusion pouvant être stricte (cf. exemple donné en 3.1.5. avant les remarques).

Enfin, nous appelons respectivement <u>Pi-système</u> et <u>P$\bar{i}$-système</u> engendrés par $(f,f') \in B_X^{pi}$, les systèmes algébriques :

$$\langle Pi(f,f') ; pig, pid \rangle \text{ et } \langle P\bar{i}(f,f') ; pig, pid, pig^{-1}, pid^{-1} \rangle .$$

<u>3.2.4. Automates associés à un p-système.</u> Il est loisible d'associer à un p-système des automates dont les états se rapportent aux bimots du système et la fonction de transition aux p-opérations.

En particulier, nous appellerons <u>automate canonique associé</u> à un Pi-système l'automate d'alphabet X^2 dont les états sont identifiés aux bimots du système et dont la fonction de transition est donnée par :

$$\begin{cases} (g,g'),\ g'^{(1)}g^{(1)} \longrightarrow pig(g,g') ; \\ (g,g'),\ g^{(1)}g'^{(1)} \longrightarrow pid(g,g') . \end{cases}$$

<u>3.2.5. Schémas d'opérations *versus* opérations particularisées.</u> On peut considérer les p-opérations comme données par des schémas d'opérations, schémas qui, s'appliquant

à tel bimot particulier, donnent telles opérations particularisées.

Ainsi, pour (abcdf, fdcba), l'opération pig se réalise en remplaçant a par fa, etc..., tandis que pour (abcdf, cbdfa) elle se réalise en remplaçant a par ca, etc.

Le langage engendré par l'automate canoniquement associé contient l'information nécessaire et suffisante pour écrire localement l'expression particularisée de pig ou de pid, comme de rig et rid.

En particulier, soit $\Omega = \{ \omega_{ij} : 1 \leq i, j \leq \underset{\sim\sim}{\text{Card}}\, X \}$ un ensemble en bijection canonique avec X^2 par :

$$\omega_{ij} \longleftrightarrow x_i x_j$$

$$X = \{ x_1, x_2, \ldots, x_k \}$$

A la réalisation locale de rig (resp. rid) comme retour de pig(g, g') (resp. pid(g, g')) à rig(pig(g,g')) (resp. rid(pid(g,g'))), nous associons l'opérateur ω_{ij} tel que $x_i = g'^{(1)}$, $x_j = g^{(1)}$ (resp. $x_i = g^{(1)}$, $x_j = g'^{(1)}$).

Nous obtenons de la sorte une formulation plus "concrète" de la proposition 3.1.6.

<u>3.2.6. Morphismes de p-systèmes.</u> Il sera commode de distinguer entre les morphismes $\mu : S_1 \longrightarrow S_2$, où S_1 et S_2 sont des p-systèmes, selon la façon dont on fait se correspondre les p-opérations.

A cette fin, nous introduisons les adjectifs composés formés sur un schéma à trois places ABC.

A donne la nature : i, u, pp de S_1

B " " " : " " " " S_2

C contient le mot <u>simple</u>, si g_1 va sur g_2 et d_1 sur d_2 ;

<u>croisé</u>, si g_1 va sur d_2 et d_1 sur g_2

Exemples d'isomorphismes canoniques.

Soient: $S_1 = \langle Pi(f,f'); pig, pid \rangle$; $S_2 = \langle Pi(f',f); pig, pid \rangle$;

$S_3 = \langle Pu(\tilde{f}', \tilde{f}); pug, pud \rangle$; $S_4 = \langle Pu(\tilde{f}, \tilde{f}'); pug, pud \rangle$.

On a les isomorphismes suivants, qui forment un groupe de KLEIN pour la composition :

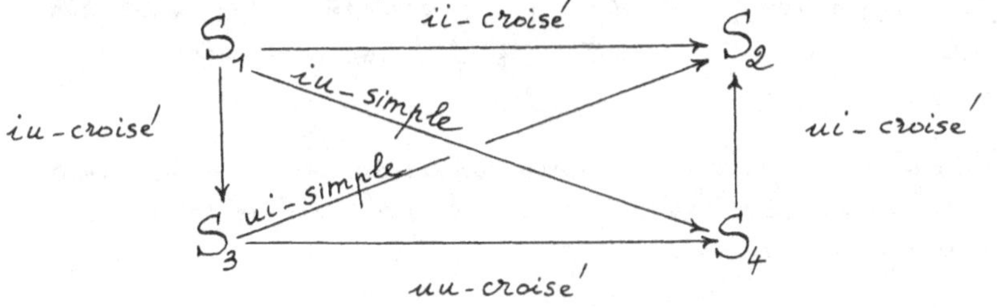

3.3. Parties équationnellement utiles.

3.3.1. Définition. Un bimot $(f,f') \in X^* \times X^*$ sera dit *équationnel* si et seulement si l'équation aux longueurs:

$$(E_{ff'}) : \sum_{x \in X} \Delta x \, |\theta x| = 0$$

admet (au moins) une solution dans $(\mathbb{N}^+)^k$, où $k = \mathrm{Card}\, X$.

3.3.2. Proposition. Une condition suffisante pour qu'un bimot soit équationnel est qu'il soit équilibré. Une condition nécessaire et suffisante pour qu'un bimot non équilibré soit équationnel est qu'il existe une paire $y, z \in X$ telle que $\Delta y \, \Delta z < 0$.

Preuve.- Il est clair que si (f,f') est équilibré, tous les vecteurs de $(\mathbb{N}^+)^k$ sont solutions de $(E_{ff'})$.

Supposons donc (f,f') non équilibré. Alors les ensembles :

$$A = \{ x \in X : \Delta x > 0 \} \quad \text{et} \quad B = \{ x \in X : \Delta x < 0 \}$$

ne peuvent être simultanément vides. L'équation s'écrit :

$$\sum_{x \in A} \Delta x \, |\theta x| = \sum_{x \in B} (-\Delta x) \, |\theta x| .$$

Si l'un des ensembles A ou B est vide, (f,f') n'est pas équationnel.
Si aucun de ces ensembles n'est vide, alors il existe une paire y,z, $y\in A$, $z\in B$, ce qui entraîne $\Delta y\,\Delta z<0$ — et réciproquement.
Il est clair que, dans ces conditions, $(E_{ff'})$ admet des solutions dans $(\Delta y\,\mathbb{N}^{+})^{k-1}$, pour les $x\neq y$.

<u>3.3.3. Définition</u>. On dira que l'élément $x\in X$ est un <u>hapax</u> dans le bimot (f,f') si et seulement si l'on a $|ff'|_x = 1$.

Conséquence : on voit qu'une condition suffisante pour qu'un bimot soit équationnel est que chaque membre contienne un hapax.

<u>3.3.4. Bimots équationnellement utiles</u>. Si un bimot n'est pas équationnel, c'est donc que l'on a, ou bien $A=\emptyset$ et $B\neq\emptyset$, soit $A\neq\emptyset$ et $B=\emptyset$. Soit alors $\rho: X^*\longrightarrow X^*$ le morphisme tel que $\rho x = e$, si x appartient à celui des deux ensembles qui est non vide et $\rho x = x$ sinon. Les solutions de (f,f') peuvent alors être canoniquement associées à celles de $(\rho f,\rho f')$ qui est un bimot équilibré (éventuellement vide).
Il en résulte que les seuls bimots équationnellement utiles sont les bimots équationnels, auxquels on peut toujours se ramener.

<u>3.3.5. Lemme</u>. (f,f') étant pi-transformable, si l'on pose $f^{(1)}=p$, $f'^{(1)}=r$ et $pig(f,f')=(\hat f,\hat f')$, le passage de

$$(E_{ff'}):\sum_{x\in X}\Delta x\,|\theta x|=0 \text{ à } (E_{\hat f\hat f'}):\sum_{x\in X}\hat\Delta x\,|\hat\theta x|=0,$$

se fait par les formules :

$$\begin{cases}\hat\Delta r=\Delta r+\Delta p\ ;\\ \hat\Delta x=\Delta x \text{ pour } x\neq r\end{cases}\qquad \begin{cases}|\hat\theta p|+|\theta r|=|\theta p|\ ;\\ \hat\theta x=\theta x \text{ pour } x\neq p.\end{cases}$$

Preuve.- Immédiate.

<u>3.3.6. Définition</u>. On dira que l'opération pig est

licite (resp. *illicite*) pour le bimot (f, f') admet au moins une (resp. n'admet aucune) solution $\theta \in \Phi(t^*)$ pour laquelle $|\theta f^{(1)}| > |\theta f'^{(1)}|$.

Des définitions analogues valent pour les autres p-opérations.

Remarque. Il est clair qu'une p-opération est significative du point de vue équationnel si et seulement si elle est licite.

<u>3.3.7. Définition</u>. Le bimot $(g, g') \in Pi(f, f')$ sera dit *licitement accessible* à partir de (f, f') si et seulement s'il existe une suite de bimots :

$$(f, f') = b_1, \ldots, b_i, \ldots, b_t = (g, g'),$$

telle que l'on passe de b_i à b_{i+1} par une opération licite.

<u>3.3.8. Lemme</u>. Pour les bimots $(f, f') \in B_X^{pi}$, (f, f') est équationnel <u>et</u> l'opération pig licite si et seulement si $pig(f, f')$ est équationnel.

Preuve. – Découle immédiatement des formules 3.3.5. .

<u>3.3.9. Proposition</u>. Pour les bimots $b \in B_X^{pi}$, b est équationnel et $b' \in Pi(b)$ est licitement accessible à partir de b si et seulement si b' est équationnel.

Preuve. – Par récurrence, en utilisant le lemme précédent.

<u>3.3.10. Proposition</u>. Le bimot $(f, f') = (p f_1, r f'_1)$ où $p, r \in X$, étant non équilibré, équationnel et pi-transformable, l'opération pig est illicite pour lui si et seulement si l'on a :

$$\Delta p \, \Delta x \geq 0 \text{ pour tout } x \neq r \text{ \underline{et} } |\Delta p| \geq |\Delta r|.$$

Preuve. – Il résulte du lemme 3.3.8. que l'opération pig est illicite pour un bimot équationnel si et seulement si $(\hat{f}, \hat{f}') = pig(f, f')$ n'est pas équationnel.

<u>La condition est nécessaire</u>. L'hypothèse que (f, f') est pi-transformable, non équilibré et équationnel se traduit par

$$p \neq r \text{ \underline{et} } \Delta y \, \Delta z < 0 \text{ pour (au moins) un couple } y, z \in X.$$

L'hypothèse que $(\hat{f}, \hat{f}')$ n'est pas équationnel se traduit par le fait que l'on a $\hat{\Delta}x_1 \hat{\Delta}x_2 \geq 0$ pour tous les couples $(x_1, x_2) \in X \times X$.

Or, pour $x \neq r$, on a $\hat{\Delta}x = \Delta x$; donc, pour $x_1, x_2 \neq r$, l'hypothèse $\hat{\Delta}x_1 \hat{\Delta}x_2 \geq 0$ implique $\Delta x_1 \Delta x_2 \geq 0$. En particulier, pour tout $x \neq r$, $\Delta p \Delta x \geq 0$.

D'autre part, on a $\hat{\Delta}r = \Delta r + \Delta p$, ce qui entraîne $\hat{\Delta}r \hat{\Delta}p = (\Delta r + \Delta p)\Delta p$. Ces produits étant positifs ou nuls par hypothèse, $\Delta r + \Delta p$ est du signe de Δp ou nul. On a donc $|\Delta p| \geq |\Delta r|$.

<u>La condition est suffisante</u>. L'hypothèse $\Delta p \Delta x \geq 0$ pour tout $x \neq r$ et le fait que (f, f') est équationnel impliquent $\Delta p \Delta r < 0$ (proposition 3.3.2.), on a donc $\Delta p \neq 0$.

La même hypothèse $\Delta p \Delta x \geq$ pour $x \neq r$ implique d'abord $\hat{\Delta}p \hat{\Delta}x$ pour tout $x \neq r$. Jointe au fait que l'on a $\Delta p \neq 0$, elle implique donc que tous les $\hat{\Delta}x$, $x \neq r$, sont du signe de $\hat{\Delta}p = \Delta p$, ou nuls, donc que l'on a $\hat{\Delta}x_1 \hat{\Delta}x_2 \geq 0$ pour $x_1, x_2 \neq r$.

Enfin, on a $\hat{\Delta}p \hat{\Delta}r = \Delta p (\Delta p + \Delta r)$. En vertu de l'hypothèse $|\Delta p| \geq |\Delta r|$, le second produit est positif ou nul. Même chose pour les produits $\hat{\Delta}r \hat{\Delta}x$.

Ainsi, $(\hat{f}, \hat{f}') = \text{pig}\,(f, f')$ n'est pas équationnel et l'opération pig est illicite.

Remarque. On a les propositions analogues relativement aux autres p-opérations.

3.4. pi-systèmes et solutions principales.

3.4.1. Définitions. Les éléments de l'alphabet X étant désignés par x_j, $1 \leq j \leq k$,

a) pour $x_\lambda, x_\mu \in X$, on désignera par $\gamma_{\lambda,\mu}$ le morphisme littéral $\gamma_{\lambda,\mu} : X^* \longrightarrow X^*$ défini par

$$\gamma_{\lambda,\mu} x_j = \begin{cases} x_j, \text{ si } j \notin \{\lambda,\mu\}; \\ x_\alpha,\ \alpha = \min\{\lambda,\mu\}, \text{ si } j \in \{\lambda,\mu\}; \end{cases}$$

b) étant donné un bimot $(f,f') \in B_X^{pi}$, on appellera bimot dérivé de (f,f') selon les initiales et l'on désignera par :

$$\partial_i (f,f')$$

le bimot (g,g') tel que :

Si $f^{(1)} = x_\lambda$ et $f'^{(1)} = x_\mu$, alors $\gamma_{\lambda,\mu} f = x_\alpha g$ et $\gamma_{\lambda,\mu} f' = x_\alpha g'$.

Conséquence. Posant $\max(\lambda,\mu) = \beta$, on voit que l'on a $X_{g,g'} \subseteq X \setminus \{x_\beta\}$, l'inclusion étant stricte si et seulement si x_λ et x_μ sont deux hapax.

N.B. Les notations $\gamma_{\lambda,\mu}$; $f^{(1)} = x_\lambda$, $f'^{(1)} = x_\mu$; $\alpha = \min(\lambda,\mu)$, $\beta = \max(\lambda,\mu)$ seront employées par la suite en gardant leurs signifactions respectives données dans ce paragraphe.

3.4.2. Définition. Pour $(f,f') \in B_X^{pi}$, on appellera

<u>solution sortante par les initiales</u> de l'équation (f,f') toute solution φ assurant l'égalité $\varphi f^{(1)} = \varphi f'^{(1)}$.

Conséquence. Toute solution sortante par les initiales d'une équation (f,f') donne par restriction à $X \setminus \{x_\beta\}$ une solution de l'équation $\partial_i(f,f')$. Réciproquement, toute solution de $\partial_i(f,f')$ donne au moins une solution sortante de (f,f') — elle en donne une infinité dans le seul cas où x_λ et x_μ sont deux hapax.

<u>3.4.3. Lemme</u>. Soit $(f,f') \in B_X^{pi}$ et soit θ une solution sortante en longueurs pures de l'équation (f,f'). Si θ_β désigne la restriction de θ à $X \setminus \{x_\beta\}$, alors la solution θ-libre de (f,f') et la solution θ_β-libre de $\partial_i(f,f')$ peuvent être canoniquement identifiée sur $X \setminus \{x_\beta\}$; de plus, si $\overline{\theta}$ est principale, $\overline{\theta}_\beta$ l'est aussi.

Preuve. — $Œ(f,f';\theta)$ contient les couples $((x_\alpha,j),(x_\beta,j))$ $1 \le j \le |\theta x_\alpha|$ et $Œ(\partial_i(f,f');\theta_\beta)$ s'obtient à partir de la précédente en y remplaçant toute occurrence de l'indice α par une de l'indice β. D'autre part, si $\overline{\theta}$ vérifie la condition des initiales et des ultièmes, $\overline{\theta}_\beta$ la vérifie aussi.

<u>Remarque</u>. Si x_α et x_β ne sont pas simultanément hapax, $\overline{\theta}_\beta$ principale donne par extension à X une solution principale $\overline{\theta}$.

Si x_α et x_β sont deux hapax, on complètera une solution principale en posant $\overline{\theta} x_\alpha = \overline{\theta} x_\beta = w$, w étant un symbole distingué.

<u>3.4.4. Lemme</u>. Soit $(f,f') \in B_X^{pi}$ et soit θ une solution en longueurs pures, mais non sortante par les initiales, de l'équation (f,f'). Si $\theta' : X^* \longrightarrow t^*$ désigne le morphisme défini par :

$$\theta' x_j = \theta x_j \text{ , si } j \notin \{\lambda,\mu\} \text{ , et}$$

a) $|\theta' x_\lambda| = |\theta x_\lambda| - |\theta x_\mu|$; $\theta' x_\mu = x_\mu$; si $|\theta x_\lambda| > |\theta x_\mu|$;

b) $\theta' x_\lambda = \theta x_\lambda$; $|\theta' x_\mu| = |\theta x_\mu| - |\theta x_\lambda|$; si $|\theta x_\mu| > |\theta x_\lambda|$;

alors la restriction de la solution θ-libre à $X \setminus \{x_\lambda\}$ (resp. $X \setminus \{x_\mu\}$) peut être canoniquement identifiée à la solution θ' libre de pig(f,f') dans le cas a) (resp. pid(f,f') dans le cas b)). De plus si $\overline{\theta}$ est principale, $\overline{\theta'}$ l'est aussi et respectivement.

Preuve. – Immédiate.

<u>3.4.5. Proposition</u>. Soit $(f,f') \in B_X^{pi}$. A toute solution ψ de l'équation (f,f') correspondent une équation unique $(g,g') \in \text{Pi}(f,f')$, une suite unique $r_\omega, \ldots, r_2, r_1$, avec $r_m \in \{\text{rig}, \text{rid}\}$, $1 \leq m \leq \omega$, et une solution unique, soit φ, de l'équation (g,g'), sortante par les initiales – telles que ψ dérive de φ par la construction qui fait l'objet de la proposition 3.1.6. De plus, si ψ est principale, φ l'est aussi ; si φ est principale et si $g^{(1)}$, $g'^{(1)}$ ne sont pas deux hapax, ψ l'est aussi ; si φ est principale avec $g^{(1)}$ et $g'^{(1)}$ hapax, on passe de ψ à une solution principale par contraction d'un groupement au plus.

Preuve.- Partant de (f,f') et des longueurs associées à la solution ψ, on applique pas à pas le lemme de Levi. En cas de non égalité des longueurs, on utilise le lemme 3.4.4. Comme les longueurs au départ sont finies et qu'elles décroissent au cours du processus, celui-ci se termine nécessairement, conduisant à deux longueurs initiales égales. On se trouve alors dans les conditions d'application du lemme 3.4.3. et de la proposition 3.1.6.

<u>3.4.6. Proposition</u>. Si le pi-système attaché à (f,f') est fini (i.e. ne contient qu'un nombre fini de bimots) les solutions principales de l'équation (f,f') s'expriment en fonction 1° des solutions principales et sortantes par les initiales des diverses équations du pi-système, et 2° des

expressions régulières en les opérateurs ω_{ij} (Cf. 3.2.5.) qui correspondent aux divers retours à (f,f').

Preuve. – Sous l'hypothèse de finitude, on associe à (f,f') un automate fini dont les états sont les bimots, dont l'état final est (f,f'), dont tout état est initial et dont l'alphabet est l'ensemble $\mathcal{A}$ défini en 3.2.5. La proposition 3.4.5. montre que les opérateurs qui font remonter d'une solution principale sortante de (g,g') aux solutions de (f,f') sont donnés par l'expression régulière qui est le langage régulier attaché au sommet initial (g,g').

3.4.7. Définitions. a) Nous dirons que le bimot $(g,g') \in B_X^{\pi i}$ gouverne le pi-système S si et seulement si S est le pi-système engendré par le bimot (h,h') tel que :

$$\partial_i(g,g') = (mh, mh')\ ;\ h^{(1)} \neq h'^{(1)}.$$

b) Nous dirons que le pi-système S gouverne le pi-système S' si et seulement si S contient un bimot qui gouverne S'.

c) Nous appellerons hiérarchie de pi-systèmes attachée à $(f,f') \in B_X^{\pi i}$ et nous désignerons par $\underset{\sim}{\mathcal{H}}(f,f')$ l'ensemble qui comprend le pi-système engendré par (f,f'), soit S, et tous les pi-systèmes S' tels qu'il existe une chaîne : S gouverne S_1, S_1 gouverne S_2, ..., S_m gouverne S'.

3.4.8. Lemme. Si $\underset{\sim}{\mathcal{H}}(f,f')$ est finie, toutes les solutions de (f,f') s'expriment à l'aide de chaînes finies d'expressions régulières.

Preuve. – Immédiate.

3.4.9. Les propositions 3.4.6 et 3.4.8. conduisent à étudier les bimots qui engendrent des pi-systèmes finis (des hiérarchies finies), au moins dans leur partie équationnellement utile. En particulier, la question se pose de savoir si un pi-système peut contenir une infinité de bimots indécomposables.

On peut donner à ce sujet les indications suivantes.

3.4.10. Proposition. Il existe des bimots (f,f') tels que $Pi(f,f')$ contienne une partie infinie, formée de bimots indécomposables (et tous distincts) définie par :

$$G(h,h)\ \left(\text{resp. } D(h,h')\right)=\left\{b_n : b_n=pig^n(h,h')\ \left(\text{resp. } pid^n(h,h')\right)\right\}.$$

Preuve.- Si $X=\{a,b,c,d,e\}$ et si

$$(f,f')=\left(abc^2d^2e\ \ ab,\ cadb^2de\ ac\right),$$

on a :

$$pig^n(f,f')=\left(abc^2d^2e\,c^nab,\ cadb^2de\,c^nac\right),$$

bimot qui est indécomposable comme on le voit par exemple en considérant les occurrences de b.

3.4.11. Proposition. Il existe des bimots (f,f') tels que $Pi(f,f')$ contienne une partie infinie formée de bimots indécomposables et tous distincts, qui n'est pas une union finie de familles de la forme $G(h,h')$ ou $D(h,h')$.

Preuve.- Si $(f,f')=\left(abcd^2ea^2e,\ dbae^2ca^2d\right)$, en appliquant alternativement les opérations pig^3 et pid^3, qui correspondent respectivement à $a\mapsto dba$ et $d\mapsto abcd$, on obtient des bimots de longueurs croissantes et indécomposables, comme on le voit par exemple en considérant les occurrences de e.

4. pi-systèmes équilibrés.

4.1. Relation pi-frontalière.

<u>4.1.1. Lemme.</u> Si le bimot $(f,f') \in B_X^{pi}$ est équilibré (resp. bipermutationnel), ses transformés par les pi-opérations sont équilibrés (resp. bipermutationnels).

Preuve.- Soit $(f,f') = (xf_1, yf_1')$; $x,y \in X$; $x \neq y$. Alors :

$$pig(f,f') = (x\pi_{ig} f_1, \pi_{ig} f_1') = (g, g').$$

On a manifestement :

$$|f|_x = |f'|_x = |g|_x = |g'|_x ;$$

$$|f|_y = |f'|_y ;$$

$$|g|_y = |g'|_y = |f|_y + |f|_x - 1 ;$$

ce qui établit la proposition.

Conséquence. Si le bimot (f,f') est équilibré (resp. bipermutationnel), on peut qualifier d'équilibrés (resp. bipermutationnels) les systèmes :

$$\langle Pi(f,f') ; pig, pid \rangle \text{ et } \langle \overline{Pi}(f,f') ; pig, pid, pig^{-1}, pid^{-1} \rangle.$$

<u>4.1.2. Définitions.</u> (Les points a) et b) ci-dessous ont déjà été donnés en 1.4.2. ; nous les rappelons ici pour faciliter la

lecture.)

a) A l'ensemble $X_{f,f'} = X$ nous associons deux ensembles de même cardinalité, ${}^{-}X$ et ${}^{+}X$, en bijection canonique avec X.

b) A tout bimot équilibré $(f,f') \in B_X^{pi} \cap B_X^{pu}$, nous associons deux alphabets :

${}^{-}\mathfrak{A}(f,f') = {}^{-}\mathfrak{A}$, qui provient de ${}^{-}X$ par identification de ${}^{-}f^{(1)}$ avec ${}^{-}f'^{(1)}$;

${}^{+}\mathfrak{A}(f,f') = {}^{+}\mathfrak{A}$, qui provient de ${}^{+}X$ par identification de ${}^{+}f^{(r)}$ avec ${}^{+}f'^{(r)}$, où $r = |f| = |f'|$.

c) Dans l'ensemble ${}^{+}\mathfrak{A} \times {}^{-}\mathfrak{A}$, nous définissons la partie ou relation frontalière droite† :

$$\tau_D = \left\{ \left({}^{+}f'^{(1)}, {}^{-}f'^{(2)}\right), \ldots, \left({}^{+}f'^{(i)}, {}^{-}f'^{(i+1)}\right), \ldots, \left({}^{+}f'^{(r-1)}, {}^{-}f'^{(r)}\right) \right\}$$

et, dans l'ensemble ${}^{-}\mathfrak{A} \times {}^{+}\mathfrak{A}$, la partie ou relation frontalière gauche† :

$$\tau_G = \left\{ \left({}^{-}f^{(2)}, {}^{+}f^{(1)}\right), \ldots, \left({}^{-}f^{(i+1)}, {}^{+}f^{(i)}\right), \ldots, \left({}^{-}f^{(r)}, {}^{+}f^{(r-1)}\right) \right\}.$$

d) Dans l'ensemble ${}^{+}\mathfrak{A} \times {}^{+}\mathfrak{A}$, nous définissons la relation pi-frontalière $\sigma(f,f') = \sigma$, attachée au bimot équilibré $(f,f') \in B_X^{pi} \times B_X^{pu}$, par :

$$\sigma = \tau_D \, \tau_G \, .$$

4.1.3. Proposition. Soit un bimot équilibré $(f,f') \in B_X^{pi} \times B_X^{pu}$. Si le bimot (g,g') appartient à $Pi(f,f')$, sa relation pi-frontalière contient celle de (f,f').

Preuve. - Soit $f = xua$, $f' = yvb$; $x, y, u, v \in X$;

---

† Les vocables "droite" et "gauche" se réfèrent toujours aux membres du bimot.

$x \neq y$; $a, b \in X^*$.

Puisque les ultièmes restent fixes dans $Pi(f,f')$, l'alphabet ${}^+\mathcal{A}$ ne dépend que de $Pi(f,f')$; par contre l'alphabet ${}^-\mathcal{A}$ peut changer d'un bimot du pi-système à l'autre.

Il suffit de vérifier que tout couple élément de $\sigma(f,f')$ reste dans $\sigma(pig(f,f'))$ et dans $\sigma(pid(f,f'))$.

1° Occurrences intérieures de x et y.

α) Soit wx un digramme de a, tx un digramme de b. Il existe un enchaînement $(({}^+t,{}^-x) \in \tau_D, ({}^-x,{}^+w) \in \tau_G)$. L'opération pig fait apparaître les trigrammes wyx dans a et tyx dans b. L'enchaînement nouveau $(({}^+t,{}^-y) \in \tau_D, ({}^-y,{}^+w) \in \tau_G)$ remplace l'ancien et donne $({}^+t,{}^+w) \in \sigma(pig(f,f'))$.

β) Soit ry un digramme de a, tx un digramme de b. Après l'opération pig, il apparaît l'enchaînement $(({}^+t,{}^-y) \in \tau_D, ({}^-y,{}^+r) \in \tau_G)$. Mais on avait dans l'alphabet ${}^-\mathcal{A}(f,f')$ l'égalité ${}^-x = {}^-y$, d'où l'enchaînement $(({}^+t,{}^-x) \in \tau_D, ({}^-y,{}^+r) \in \tau_G)$. C'est ce couple $({}^+t,{}^+r)$ qui est conservé dans $\sigma(pig(f,f'))$.

Les points α) et β), qui restent valables pour pid, mutatis mutandis, épuisent la question des digrammes intérieurs.

2° Occurrences initiales.

Le digramme initial yv de f', en liaison avec un digramme vp de a, assure au départ l'enchaînement $(({}^+y,{}^-v) \in \tau_D, ({}^-v,{}^+p) \in \tau_G)$. L'opération pig fait disparaître le digramme initial yv, mais il fait apparaître yx. Dans ${}^-\mathcal{A}(pig(f,f'))$ on a maintenant l'égalité ${}^-x = {}^-v$. D'où l'enchaînement $(({}^+y,{}^-x) \in \tau_D, ({}^-v,{}^+p) \in \tau_G)$, qui assure la conservation de $({}^+y,{}^+p)$.

Même argument pour pid.

Remarque. Dans le cas non bipermutationnel, il peut apparaître de nouveaux couples dans la relation pi-frontalière après application de pi-opérations.

4.1.4. *Proposition*. Dans le cas où le bimot $(f,f')\in B_X^{pi}\cap B_X^{pu}$ est bipermutationnel, en bref, pour une *bipermutation*, la relation pi-frontalière $\sigma = \tau_D\tau_G$ équivaut à une substitution s'exerçant sur $^+\mathfrak{A}$.

Cette substitution $\sigma\in\mathfrak{S}_{+\mathfrak{A}}$ sera appelée la *substitution pi-frontalière* de la bipermutation.

Preuve.– Dans le cas d'une bipermutation, il est clair que τ_D est une surjection de $^+\mathfrak{A}$ sur $^-\mathfrak{A}$ et τ_G une surjection de $^-\mathfrak{A}$ sur $^+\mathfrak{A}$, d'où $\sigma\in\mathfrak{S}_{+\mathfrak{A}}$.

4.1.5. *Définitions*. a) Nous dirons que $(f,f')\in X^*\times X^*$ est *réductible en* y, $y\in X$, si et seulement s'il existe un bimot $(g,g')\in Y^*\times Y^*$; $Y = X\setminus\{y\}$, et une lettre

$t\in Y$ tel que (f,f') soit image de (g,g') par le morphisme $\delta : Y^*\to X^*$, où $\delta z = z$ si $z\neq t$ et $\delta t = yt$.

b) Nous dirons que $(f,f')\in B_X^{pi}$ est *pi-médiatement réductible en* y si et seulement si $pig(f,f')$ et $pid(f,f')$ sont réductibles en y.

c) Nous dirons que $(f,f')\in B_X^{pi}\cap B_X^{pu}$ est pu-i-médiatement réductible si et seulement si $pug(f,f')$ et $pud(f,f')$ sont pi-médiatement réductibles.

Définitions analogues par dualité i-u.

4.1.6. *Proposition*. Une condition nécessaire et suffisante pour que la substitution pi-frontalière σ de la bipermutation $(f,f')\in B_X^{pi}\cap B_X^{pu}$ contienne un point fixe est que (f,f') présente une réductibilité immédiate ou médiate :

1° le point fixe (y) est différent de $^+f^{(r)}$ $(r = |f|)$, si et seulement si (f,f') est pi-immédiatement ou médiatement réductible en y ;

2° le point fixe est ${}^{+}f^{(r)}$ $(r = |f|)$, si et seulement si (f, f') est pu ou pu-i-médiatement réductible.

Preuve. — Immédiate.

Exemples : $(a\underline{bc}de, ed\underline{bc}a)$; $\sigma = \left({}^{+e}_{+a}\ {}^{+}c\ {}^{+}d\right)\left({}^{+}b\right)$.

$(f, f') = (abcde, ebdca)$; $\sigma = \left({}^{+e}_{+a}\right)\left({}^{+}b\ {}^{+}c\ {}^{+}d\right)$;

et $pug(f, f') = (\underline{ab}cde, e\underline{ab}dc)$;

$pud(f, f') = (ae\underline{bc}d, ed\underline{bc}a)$.

N.B. En écrivant " ${}^{+e}_{+a}$ ", on a désiré rappeler que l'on a dans ${}^{+}\mathfrak{A}$ l'égalité ${}^{+}a = {}^{+}e$.

4.2. Problème aux frontières.

4.2.1. Rappel. Pour la commodité du lecteur, rappelons ici l'énoncé du problème aux frontières (PF).

Etant donné le bimot équilibré $(f, f') \in B_X^{pi} \cap B_X^{pu}$, avec $X_{f,f'} = X$, (PF) consiste à trouver une paire $\langle C, \omega \rangle$, où C est un ensemble et ω une surjection de ${}^{-}\mathfrak{A}(f, f') \cup {}^{+}\mathfrak{A}(f, f')$ sur C, paire telle que :

(1) $\omega\,{}^{-}\mathfrak{A} = \omega\,{}^{+}\mathfrak{A} = C$;

(2) dans $(C \times C)^{*}$, les deux mots $\mathfrak{h}, \mathfrak{h}'$

$$\omega\left({}^{+}f^{(1)}\ {}^{-}f^{(2)}\right)\omega\left({}^{+}f^{(2)}\ {}^{-}f^{(3)}\right)\cdots\omega\left({}^{+}f^{(r-1)}\ {}^{-}f^{(r)}\right) = \mathfrak{h},$$

et $\mathfrak{h}'$, construit sur le modèle de $\mathfrak{h}$ à partir de f', soient membres d'une même classe abélienne.

4.2.2. Constructions relatives à (PF). La condition (2), si elle est satisfaite, induit au moins une bijection entre l'ensemble des "frontières" de f et celui des "frontières" de f'.
Formellement, considérons l'ensemble :

$$R = [r] = \{1, 2, \dots, r\} \; ; \; r = |f| = |f'| \; ;$$

l'ensemble :

$$R' = \{1', 2', \dots, r'\} ,$$

copie du précédent,
et les ensembles :

$$\Delta' = \{(1', 2'), \dots, (i', \overline{i+1}'), \dots, (\overline{r-1}', r')\} \; ;$$

(La notation $\overline{i+1}'$ signifie que l'accent "prime" porte sur l'entier $i+1$.)
et :

$$\Delta = \{(2,1), \dots, (j+1, j), \dots, (r, r-1)\} .$$

Soit ϑ une application bijective de Δ' sur Δ. A partir de ϑ nous construisons les relations :

$$S_1 \subset R \times R' , \; S_2 \subset R' \times R ,$$

en posant :

$$\begin{cases} \overline{j+1}' \overset{S_1}{\longmapsto} i+1 \\ j' \overset{S_2}{\longmapsto} i \end{cases} \Longleftrightarrow (j', \overline{j+1}') \overset{\vartheta}{\longmapsto} (i+1, i) .$$

Posant enfin dans $R' \times R'$ la relation :

$$T_D = \{(j', \overline{j+1}') : 1' \leq j' \leq \overline{r-1}'\} ,$$

et dans $R \times R$:

$$T_G = \{(i+1, i) : 1 \leq i \leq r-1\} ,$$

on obtient manifestement :

$$S_2 = T_D S_1 T_G .$$

Considérons alors dans ${}^-\mathcal{A} \times {}^-\mathcal{A}$, ${}^+\mathcal{A} \times {}^+\mathcal{A}$, ${}^+\mathcal{A} \times {}^-\mathcal{A}$ et ${}^-\mathcal{A} \times {}^+\mathcal{A}$ les relations respectivement déterminées par chacune des relations précédentes si et seulement si le couple concerné est donné par le <u>contenu</u> d'un couple de la relation déterminante.

Alors T_D et T_G déterminent respectivement les relations τ_D et τ_G définies en 4.1.2., tandis que S_2 et S_1 déterminent respectivement deux nouvelles relations σ_2 et σ_1, toutes ces relations étant liées par :

$$\sigma_2 = \tau_D \sigma_1 \tau_G .$$

Considérons ensuite la relation d'équivalence déterminée par σ_2 (resp. σ_1) dans ${}^+\mathcal{A}$ (resp. ${}^-\mathcal{A}$). Cette relation, que nous désignerons par $\overline{{}^+\vartheta}$ (resp. $\overline{{}^-\vartheta}$) détermine par quotient à partir de ${}^+\mathcal{A}$ (resp. ${}^-\mathcal{A}$) l'ensemble :

$${}^+\mathcal{B} = {}^+\mathcal{A}/\overline{{}^+\vartheta} \quad (\text{resp. } {}^-\mathcal{B} = {}^-\mathcal{A}/\overline{{}^-\vartheta}) .$$

Ces constructions permettent d'énoncer le théorème suivant.

<u>4.2.3. Théorème</u>. Soit un bimot équilibré $(f, f') \in B_X^{pi} \cap B_{X'}^{pu}$ et soit Θ l'ensemble des bijections de Δ' sur Δ.

Toute solution $\langle C, \omega \rangle$ de (PF) pour (f, f') s'obtient en choisissant quelque $\vartheta \in \Theta$, puis, pour

$$\mu_\vartheta = \min \{ \underset{\sim\sim}{\mathrm{Card}}\, {}^-\mathcal{B} , \underset{\sim\sim}{\mathrm{Card}}\, {}^+\mathcal{B} \} ,$$

un ensemble C tel que $\underset{\sim\sim}{\mathrm{Card}}\, C \leq \mu_\vartheta$, et enfin une application ω telle que $\omega\, {}^-\mathcal{A} = \omega\, {}^+\mathcal{A} = C$.

Preuve. – Toute solution de (PF) induit au moins une bijection $\vartheta \in \Theta$. Dans ${}^+\mathcal{A} \times {}^+\mathcal{A}$, posons $x\, Eq\, y$ si et seulement si $\omega x = \omega y$. L'équivalence Eq est compatible avec $\overline{{}^+\vartheta}$ et au moins aussi fine qu'elle ; ainsi $\overline{{}^+\vartheta}$ est la moins fine des équivalences possibles.

La réciproque est immédiate.

4.2.4. Définition. - Nous dirons qu'une solution $\langle C, \omega \rangle$ de (PF) est principale si et seulement si l'on a l'égalité

$$\underset{\sim}{\text{Card}}\, C = \mu_{\vartheta}$$

pour toute $\vartheta \in \Theta$ compatible avec ω.

Conséquence. Toute solution peut être obtenue à partir d'une solution principale.

4.2.5. Corollaire. Les notations restant celles du paragraphe 4.2.2., l'indice frontalier ifro(f, f') du bimot équilibré $(f,f') \in B_X^{\mu i} \cap B_X^{\mu u}$ est donné par :

$$\text{ifro}(f,f') = \text{Max}\left\{\min\left(\underset{\sim}{\text{Card}}^{-}\mathcal{B}, \underset{\sim}{\text{Card}}^{+}\mathcal{B}\right) : \vartheta \in \Theta\right\}.$$

Preuve. - Découle immédiatement du théorème 4.2.3.

4.2.6. Théorème. $(f,f') \in B_X^{\mu i} \cap B_X^{\mu u}$ étant une bipermutation et σ sa substitution pi-frontalière, l'indice frontalier de (f,f') est donné par :

$$\text{ifro}(f,f') = \text{Max}\left\{\min\left(\mathcal{Z}(\sigma''), \mathcal{Z}(\sigma')\right) : \sigma = \sigma''\sigma' ; \sigma'', \sigma' \in \mathfrak{S}_{+\mathcal{a}}\right\},$$

où $\mathcal{Z}(\sigma)$ désigne le nombre des cycles de σ.

Preuve. - S'agissant d'une bipermutation, l'application bijective $\vartheta \in \Theta$ détermine deux substitutions, $\sigma_1 \in \mathfrak{S}_{-\mathcal{a}}$, $\sigma_2 \in \mathfrak{S}_{+\mathcal{a}}$, liées par la relation $\sigma_2 = \tau_D \sigma_1 \tau_G$. On a donc:

$$\sigma_2 = \tau_D \tau_G \left(\tau_G^{-1} \sigma_1 \tau_G\right) ; \quad \sigma = \sigma_2 \left(\tau_G^{-1} \sigma_1^{-1} \tau_G\right), \text{ et :}$$

$$\sigma_2 \sigma_I = \sigma \; ; \quad \sigma_I = \tau_G^{-1} \sigma_1^{-1} \tau_G \,.$$

La proposition résulte alors du fait que les classes de $^{+}\mathcal{a}$ modulo $^{+}\vartheta$ et celles de $^{-}\mathcal{a}$ modulo $^{-}\vartheta$ sont ici les orbites des substitutions σ_2 et σ_1, cette dernière appartenant à la même classe de conjugaison que σ_I.

4.2.7. Proposition. Si le problème aux frontières admet relativement au bimot (f, f') la solution $\langle \hat{C}, \omega \rangle$, il admet relativement à chaque bimot $\mathfrak{g} = (g, g') \in Pi(f, f')$ une solution $\langle \hat{C}, \omega_{\mathfrak{g}} \rangle$ telle que ω et $\omega_{\mathfrak{g}}$ coïncident sur leurs restrictions à ${}^{+}\mathfrak{A}$.

Preuve.– Il suffit de démontrer que l'on peut former pour $pig(f, f')$ une solution ω_1 de cette sorte.

Soit $f = xa$; $f' = yvb$; $x, y, v \in X$; $x \neq y$; $a, b \in X^*$.

Relativement à $(g, g') = pig(f, f')$, posons :

$$\omega_1^- x = \omega^- v \text{ et, } \forall u \in X \setminus \{x\} \; \omega_1^- u = \omega^- u,$$

ω_1 sur les éléments de ${}^{+}\mathfrak{A}$ coïncidant avec ω.

S'il apparaît dans $\pi_{ig} f$ des digrammes ${}^{+}y^{-}x$ autres que celui qui correspond, avant la simplification de $(\pi_{ig} f, \pi_{ig} f')$, au digramme ${}^{+}y^{-}v$, il en apparaît un nombre égal dans $\pi_{ig} f'$. D'autre part, les digrammes zx dans (f, f') donnent des digrammes zy dans (g, g') ; les autres ne changent pas. On obtient donc bien une solution de (PF) pour (g, g').

4.3. Le cas bipermutationnel.

4.3.1. Notations. Nous désignerons par $X^!$ l'ensemble des permutations de l'ensemble X (pour $\operatorname{Card} X > 1$).

Rappelons d'autre part que la notation $L(g)$, pour $g \in X^*$, désigne l'ensemble $\{x \in X : \exists i \in \mathbb{N}^+, g^{(i)} = x\}$ et que l'on pose pour les bipermutations $(f, f') \in X^! \times X^!$

$$|f| = |f'| = \operatorname{Card} X = k.$$

4.3.2. Lemmes.

LEMME A. Une bipermutation indécomposable (f, f') peut se mettre de façon unique sous la forme :

$$(g f'^{(1)} h, \; g' f^{(1)} h') \; ;$$

de plus :

1° $f^{(1)} = f'^{(1+\alpha)}$; $f'^{(1)} = f^{(1+\beta)}$; $\alpha, \beta > 0$;

2° $g = f^{(1)} g_1$; $g' = f'^{(1)} g'_1$; $g_1, g'_1 \in (X \setminus \{f^{(1)}, f'^{(1)}\})^*$;

3° $L(g_1) \neq L(g'_1)$.

Enoncé dual avec $f^{(k)}$ et $f'^{(k)}$.

Preuve.- Immédiate.

LEMME B. Gardant les notations précédentes on a, pour une bipermutation indécomposable :

$$\text{pig}\,(f,f') = (f, g_I' f'^{(1)} h'), \text{ avec } g_I'^{(j)} = g_1'^{(i)}, \; j \equiv 1+i \pmod{\alpha};$$

$$\text{pid}\,(f,f') = (g_I f'^{(1)} h, f'), \text{ avec } g_I^{(j)} = g_1^{(i)}, \; j \equiv 1+i \pmod{\beta};$$

$$\text{pig}^{\alpha}(f,f') = \text{pid}^{\beta}(f,f') = (f,f').$$

Preuve.- Immédiate.

LEMME C. (f,f') étant une bipermutation indécomposable, $\text{Pi}(f,f')$ ne comprend que des bipermutations indécomposables.

Preuve.- Les formules précédentes montrent en effet que si (f,f') est une bipermutation indécomposable, $\text{pig}(f,f')$ et $\text{pid}(f,f')$ le sont aussi.

LEMME D. (f,f') étant une bipermutation indécomposable, on a $\text{Pi}(f,f') = \text{Pi}(f,f')$ et de plus la relation $(g,g') \in \text{Pi}(f,f')$ implique $(f,f') \in \text{Pi}(g,g')$.

Preuve.- En vertu du lemme B on a $\text{pig}^{-1}(f,f') = \text{pig}^{\alpha-1}(f,f')$ et $\text{pid}^{-1}(f,f') = \text{pid}^{\beta-1}(f,f')$ avec $\alpha, \beta \geq 1$.

LEMME E. Pour $b \in X^! \times X^! \cap B_X^{pi}$ on a $\text{Pi}(b) = \text{Pi}(b)$, de plus la relation $g \in \text{Pi}(b)$ implique $b \in \text{Pi}(g)$.

Preuve.- Sous les hypothèses de l'énoncé, on peut écrire $b = (fh, f'h')$ avec $L(f) = L(f') = Y$; Card $Y \geq 2$, $f, f' \in Y^!$ et (f,f') indécomposable. Si le bifacteur (h,h') ne se réduit pas au bimot doublement vide, il reste suffixé dans tout le pi-système. Le résultat découle alors immédiatement du lemme précédent.

<u>4.3.3. Théorème.</u> Pour $b \in X^! \times X^! \cap B_X^{pi}$, si $g \in \text{Pi}(b)$, alors $\text{ipro}(g) = \text{ipro}(b)$.

Preuve.- En vertu du lemme 4.3.2.E et de la proposition 4.2.7. on $\mathrm{ifro}(b) \leq \mathrm{ifro}(g)$ et $\mathrm{ifro}(g) \leq \mathrm{ifro}(b)$.

<u>4.3.4. Théorème.</u> Pour $b \in X^! \times X^! \cap B_X^{pi} \cap B_X^{pu}$, si $g \in Pi(b)$ alors $\sigma(g) = \sigma(b)$. En d'autres termes, la substitution pi-frontalière est un invariant du pi-système.

Preuve.- En vertu du lemme 4.3.2.E et de la proposition 4.1.3. la relation pi-frontalière de chacune des deux bipermutations contient celle de l'autre.

<u>4.3.5. Définition.</u> Pour $b \in X^! \times X^! \cap B_X^{pi} \cap B_X^{pu}$, nous dirons que les substitutions $\sigma_1 \in \mathfrak{S}_{-\mathcal{A}}$ et $\sigma_2 \in \mathfrak{S}_{+\mathcal{A}}$ sont <u>b-couplées</u> si et seulement si elles sont liées par la condition :

$$\sigma_2 = \tau_D \, \sigma_1 \, \tau_G \, ,$$

déjà considérée en 4.2.5.

Nous écrirons toujours $\sigma = \tau_D \tau_G = \sigma_2 \sigma_I$ (σ_I : σ indice un en chiffre romain) où

$$\sigma_I = \tau_G^{-1} \, \sigma_1 \, \tau_G \, .$$

Si l'on fixe σ_2, σ étant fixe dans le pi-système, σ_I l'est aussi.

<u>4.3.6. Définition.</u> Pour $b \in X^! \times X^! \cap B_X^{pi} \cap B_X^{pu}$, nous appellerons substitutions <u>naturellement attachées</u> à b les substitutions $\sigma_{b1} \in \mathfrak{S}_{-\mathcal{A}}$ et $\sigma_{b2} \in \mathfrak{S}_{+\mathcal{A}}$ induites dans ${}^{-}\mathcal{A}$ et ${}^{+}\mathcal{A}$ par la surjection ϑ définie par égalité des ordinaux, c'est à dire $\vartheta \, {}^{-}f'^{(i)} = {}^{-}f^{(i)}$ et $\vartheta \, {}^{+}f'^{(i)} = {}^{+}f^{(i)}$.

Remarque. Si $\varphi \in \mathfrak{S}_X$ est défini par $\varphi = \binom{f'}{f}$, on obtient σ_{b1} (resp. σ_{b2}) en indiçant par <u>moins</u> (resp. <u>plus</u>) et en faisant l'identification attachée à ${}^{-}\mathcal{A}$ (resp. ${}^{+}\mathcal{A}$).

<u>4.3.7. Proposition.</u> Pour $b \in X^! \times X^! \cap B_X^{pi} \cap B_X^{pu}$, $\sigma(b)$ est une substitution paire.

Preuve.- En vertu de la remarque précédente, les substitutions

σ_{f2} et σ_{f1} ont la même parité, contraire à celle de $\varphi = \binom{f'}{f}$. –

D'autre part, en vertu de leur définition même, ces deux substitutions sont b-couplées et l'on a $\sigma = \sigma_{f2}\,\sigma_{fI}$ avec $\sigma_{fI} = \tau_G^{-1}\sigma_{f1}\tau_G$, d'où $\sigma \in \mathcal{A}_{b+a}$.

4.3.8. Définition. On dira qu'une bipermutation $(f,f') \in X^! \times X^!$, Card $X = k$, est une $(k1)$-bipermutation si et seulement si l'on a : $f^{(1)} = f'^{(k)}$ et $f^{(k)} = f'^{(1)}$.

Remarque : il est clair qu'une $(k1)$-bipermutation est indécomposable.

4.3.9. Théorème. Si b est une bipermutation indécomposable, Pi(b) contient au moins une $(k1)$-bipermutation.

Preuve. – 1° (f,f') étant une bipermutation indécomposable, les lettres $f^{(1)} = u$ et $f'^{(1)} = u'$ sont nécessairement distinctes et (lemme 4.3.2.A) la bipermutation se met de façon unique sous la forme :

$$(f,f') = (uau'b,\ u'a'ub').$$

A la bipermutation, associons alors l'entier naturel :

$$\lambda(f,f') = |uau'| + |u'a'u|.$$

Il est clair que l'on a $\lambda(f,f') \leq 2k$.

2° Montrons que si (f,f') est indécomposable et telle que $\lambda(f,f') < 2k$, alors Pi(f,f') contient une bipermutation (g,g') telle que $\lambda(f,f') < \lambda(g,g')$.

En vertu de l'indécomposabilité, on ne peut avoir $La = La'$. Sans perte de généralité, on peut donc supposer :

$$\text{non } (La \subseteq La').$$

Soit v celle des lettres de a qui figure dans f avec l'ordinal le plus élevé. On a alors :

$$f = ua_1va_2u'b,\quad f' = u'a'ub'_1vb'_2.$$

L'hypothèse implique $L(ua_1va_2u') \subseteq L(u'a'ub'_1v)$, donc $L(a_1a_2) \subseteq L(a'b'_1)$.

L'opération pid à la puissance $|ua_1u'|$ conduit à :

$$(g,g') = (va_2ua_1u'b,\ u'a'ub'_1vb'_2),$$

d'où :

$$\lambda(g,g') = \lambda(f,f') + |b'_1v|.$$

3° Le résultat annoncé s'obtient en itérant la construction précédente.

<u>4.3.10. Identification canonique pour une (k1)-bipermutation.</u> Dans le cas d'une (k1)-bipermutation, il est loisible d'identifier canoniquement $^{-}\mathfrak{A}$ et $^{+}\mathfrak{A}$.

On conviendra sous cette hypothèse de poser :

$$^{-}\mathfrak{A} = {}^{+}\mathfrak{A} = \mathfrak{A} = (X \setminus \{f^{(1)}, f^{(k)}\}) \cup \left\{ \begin{matrix} f^{(1)} \\ f^{(k)} \end{matrix} \right\},$$

le symbole "composite" mais unique $\begin{matrix} f^{(1)} \\ f^{(k)} \end{matrix}$ rappelle l'identification que l'on a faite.

Après cette identification, on peut écrire pour les substitutions naturellement attachées :

$$\sigma_{\mathfrak{b}1} = \sigma_{\mathfrak{b}2} = \sigma_{\mathfrak{b}} \in \mathfrak{S}_{\mathfrak{A}} ;$$

tandis que $\tau_D, \tau_G \in \mathfrak{S}_{\mathfrak{A}}$ sont deux cycles de longueur maximale, c'est à dire de longueur $k-1$.

<u>4.3.11. Proposition.</u> Pour une (k1)-bipermutation $\mathfrak{b}$, σ désignant la substitution pi-frontalière de $\mathfrak{b}$ et $\sigma_{\mathfrak{b}}$ la substitution naturellement attachée à $\mathfrak{b}$, σ est le commutateur de $\sigma_{\mathfrak{b}}^{-1}$ et du cycle maximal τ_G.

Preuve. – En effet, on a $\sigma_{\mathfrak{b}} = \tau_D \sigma_{\mathfrak{b}} \tau_G = \sigma \, \tau_G^{-1} \sigma_{\mathfrak{b}} \tau_G$, d'où :

$$\sigma = \sigma_{\mathfrak{b}} \tau_G^{-1} \sigma_{\mathfrak{b}}^{-1} \tau_G = [\sigma_{\mathfrak{b}}^{-1}, \tau_G].$$

5. Fixateurs.

5.1. Définition et propriétés du fixateur.

5.1.1. Notations. Dans toute cette section, on désigne :
– par des majuscules latines des ensembles quelconques et par des minuscules latines les éléments (ou points) de ces ensembles ;
– par $\mathfrak{S}_A$ le groupe des substitutions s'exerçant sur les points de A et par des minuscules grecques ces mêmes substitutions (la neutre – toutefois – par 1) ;
enfin par $a.\sigma$ l'image de $a \in A$ que donne $\sigma \in \mathfrak{S}_A$.

5.1.2. Définition. E étant une partie finie de A, on désigne par Φ_A^E, et l'on appelle fixateur de E dans A, l'opérateur qui envoie $\mathfrak{S}_A$ dans lui-même de la manière suivante :

$$\text{soit } \sigma \in \mathfrak{S}_A , \quad \overline{\sigma} = \Phi_A^E(\sigma) ;$$

(i) pour tout $x \in E$, $x.\overline{\sigma} = x$ (tout point de E est fixe pour $\overline{\sigma}$, d'où le nom attribué à l'opérateur) ;

(ii) pour $a \in A \setminus E$, $a.\overline{\sigma} = a.\sigma^n$, où n est le plus petit naturel non nul tel que $a.\sigma^n \in A \setminus E$.
La finitude de E assure l'existence de n.

5.1.3. Propriétés immédiates. Il est clair que :

(1) Φ_A^E projette $\mathfrak{S}_A$ sur son sous-groupe maximal qui conserve E point par point.

(2) Les orbites de $\Phi_A^E(\sigma)$ sont contenues dans celles de σ.

(3) $E = E_1 \cup E_2$, $E_1 \cap E_2$ implique :

$$\Phi_A^E = \Phi_{A\setminus E_1}^{E_2} \circ \Phi_A^{E_1} = \Phi_{A\setminus E_2}^{E_1} \circ \Phi_A^{E_2}.$$

(4) $\varphi\psi = 1$ implique $\Phi_A^E(\varphi)\,\Phi_A^E(\psi) = 1$.

CONVENTIONS. On posera désormais, A et E étant chaque fois précisés, $\Phi_A^E(\sigma) = \overline{\sigma}$.

D'autre part, on n'explicitera pas, dans l'énoncé des propositions et théorèmes, les hypothèses trivialement nécessaires concernant la cardinalité de $A\setminus E$.

5.1.4. Lemme A. Les orbites de la substitution $\varphi\overline{\varphi}^{-1}$ sont constituées :

1. par chaque point de $A\setminus(E\cup E.\varphi^{-1})$;
2. par toute orbite de φ ne comportant que des points de E;
3. pour tout $a \in E.\varphi^{-1}\setminus E$, par le cycle fini $(a\ a.\varphi \ldots a.\varphi^n)$, n étant le naturel minimal tel que $a.\varphi^{n+1} \in A\setminus E$.

Enoncé dual relativement à $\overline{\varphi}^{-1}\varphi$.

Preuve.- 1. Soit $x \in A\setminus(E\cup E.\varphi^{-1})$. Comme x n'est pas dans E, $x.\overline{\varphi} = y$ est donné par $y = x.\varphi^m$, $m \geq 1$, m minimal tel que $x.\varphi^m \in A\setminus E$. Mais puisque x n'est pas dans $E.\varphi^{-1}$, $x.\varphi$ n'est pas dans E, d'où $m = 1$.

En sens inverse, raisonnement analogue relativement à y, φ^{-1} et $\overline{\varphi}^{-1}$, d'où $x.(\varphi\overline{\varphi}^{-1}) = x$.

2. Soit $x \in E\cap E.\varphi^{-1}$; alors $(x.\varphi).\overline{\varphi}^{-1} = x.\varphi$, d'où $x.\varphi\overline{\varphi}^{-1} = x.\varphi$.

3. Si une orbite de $\varphi\overline{\varphi}^{-1}$, contenue dans $E\cup E.\varphi^{-1}$, ne contient pas que des points de E, elle contient au moins un point $a \in E.\varphi^{-1}\setminus E$. On a alors $a.\varphi \in E$, d'où $a.\varphi\overline{\varphi}^{-1} = a.\varphi$. Le raisonnement fait en 2. s'applique jusqu'au point $a.\varphi^n$; ensuite $a.\varphi^{n+1} \in A\setminus E$, d'où $(a.\varphi^n)\varphi\overline{\varphi}^{-1} = a$.

L'unicité de a en résulte.

q.e.d.

Les propositions qui suivent concernent certaines conditions sous lesquelles l'opérateur Φ_A^E commute avec le produit dans $\mathfrak{S}_A$. En vertu de la propriété 5.3.1. (4), au lieu d'étudier le comportement pour Φ_A^E de la relation $\varphi\psi = \sigma$, il revient au même d'étudier celui de $\varphi\psi\theta = 1$.

5.1.5. Proposition. Dans le cas où $E = \{i\}$, l'égalité $\varphi\psi\theta = 1$ implique $\overline{\varphi}\,\overline{\psi}\,\overline{\theta} = 1$ si et seulement si i est point fixe de l'une (au moins) des substitutions φ, ψ, θ.

Preuve. – Posons $\omega_1 = \overline{\theta}^{-1}\theta$, $\omega_2 = \varphi\psi\overline{\psi}^{-1}\overline{\varphi}^{-1}$, $\omega_3 = \varphi\overline{\varphi}^{-1}$, $\xi = \omega_1\omega_2\omega_3$.
L'égalité $\varphi\psi\theta = 1$ implique $\overline{\varphi}\,\overline{\psi}\,\overline{\theta} = 1$ si et seulement $\xi = 1$.
Si l'on suppose $i.\varphi \neq i$, $i.\psi \neq i$, $i.\theta \neq i$, le lemme A implique que $\omega_1, \omega_2, \omega_3$ se réduisent respectivement aux transpositions :

$$(i\ i.\theta),\ (i.\theta\ \ i.\varphi^{-1}),\ (i.\varphi^{-1}\ i),$$

d'où $(i.\theta).\xi = i.\varphi^{-1} \neq i.\theta$ (par hypothèse) et $\xi \neq 1$.
La condition de l'énoncé est donc nécessaire et le lemme A. prouve immédiatement qu'elle est suffisante.

5.1.6. Théorème. Dans le cas où $E = \{i, j\}$, l'égalité $\varphi\psi\theta = 1$ implique $\overline{\varphi}\,\overline{\psi}\,\overline{\theta} = 1$ si et seulement si l'une au moins des deux conditions suivantes est satisfaite :

(1) i et j sont chacun point fixe de l'une des trois substitutions φ, ψ, θ ;
(2) j (resp. i) est l'image de i (resp. j) par deux de ces mêmes substitutions.

Preuve. – On utilise encore la substitution ξ précédemment définie et la caractérisation par $\xi = 1$.

En vertu du lemme A, $\omega_1, \omega_2, \omega_3$ s'expriment respectivement à l'aide des points $i, i.\theta, j, j.\theta$; $i.\theta, i.\varphi^{-1}, j.\theta, j.\varphi^{-1}$; $i.\varphi^{-1}, i, j.\varphi^{-1}, j$; soit au plus six points.

Si l'on suppose ces six points distincts, on obtient aisément $(i.\theta).\xi = i.\varphi^{-1}$, d'où $\xi \neq 1$.

α) Il est donc nécessaire qu'existe entre les six points une égalité au moins. Une telle égalité peut exprimer

- soit que i (resp. j) est point fixe de l'une des substitutions φ, ψ, θ — auquel cas on la dira de type (1) ;
- soit que j (resp. i) est l'image de i (resp. j) par l'une des substitutions — auquel cas on la dira de type (2).

Dans le cas d'une égalité de type (1), on peut supposer sans perte de généralité que l'on a $i.\theta = i$ (SANS PLUS) et l'on obtient alors $(j.\theta).\xi = j.\varphi^{-1}$, d'où $\xi \neq 1$.
Dans le cas d'une seule égalité de type (2), on peut supposer

que l'on a $i.\varphi = j$ (SANS PLUS), d'où $(i.\theta).\xi = i.\varphi^{-1}$ et $\xi \neq 1$.

β) L'existence de deux égalités est donc nécessaire.

β_1) L'hypothèse de deux (seules) égalités de type (1) portant sur le même point, soit par exemple et sans perte de généralité $i.\theta = i = i.\varphi$, n'est pas suffisante car on a $(j.\theta).\xi = j.\varphi^{-1}$ et $\xi \neq 1$.

β_2) Il en va de même pour la seule donnée d'une égalité de type (1) et une de type (2), soit par exemple et sans perte de généralité $i.\theta = i$ et $i.\varphi = j$, car on a $(j.\theta).\xi = j.\varphi^{-1}$ et $\xi \neq 1$.

La nécessité est ainsi établie. Montrons maintenant que la condition est suffisante.

α) Il est clair, en vertu de la proposition 5.1.5., que la condition (1) du théorème est suffisante.

β) La condition (2) l'est également.

Sans perte de généralité, nous pouvons supposer que l'on a

$$i.\varphi = i.\theta = j,$$

ce qui implique:

$$i.\varphi\theta = i.\varphi^{-1} = j.\theta;$$

$$i.\theta\varphi = i.\varphi^{-1} = j.\varphi.$$

Le calcul de ξ conduit à dresser le tableau suivant qui donne l'action de ξ sur les six points i, $i.\theta$, $i.\varphi^{-1}$, j, $j.\theta$, $j.\varphi^{-1}$!

	$j.\theta \neq i$	$i.\varphi \neq i$	$j.\theta = i = i.\varphi$
$\omega_1 =$	$(i\ \ j\ \ j.\theta)$		$(i\,j)$
	$j.\varphi \neq j$	$j.\varphi = j$	
$\omega_2 =$	$(j\ \ j.\theta\ \ j.\varphi^{-1})$	$(j\ \ j.\theta)$	$(j\ \ i\ \ j.\varphi^{-1})$
$\omega_3 =$	$(j.\theta\ \ i)(j.\varphi^{-1}\ \ j)$	$(j.\theta\ \ i)(j)$	$(i)(j.\varphi^{-1}\ \ j)$
$\xi =$	$(i)(j)(j.\theta)(j.\varphi^{-1})$	$(i)(j)(j.\theta)$	$(i)(j)(j.\varphi^{-1})$

On vérifie que l'on a $\xi = 1$ dans tous les cas.

<u>5.1.7. Lemme.</u> Si E est l'ensemble des points que déplace $\theta \in \mathfrak{S}_A$, alors la relation de conjugaison par θ, soit $\psi = \theta^{-1}\varphi\,\theta$, implique $\overline{\psi} = \overline{\varphi}$.

Preuve.- En effet les orbites de ψ ne diffèrent de celles de φ que par les points de E.

<u>5.1.8. Proposition.</u> Une condition suffisante pour que l'égalité $\alpha\varphi\beta\psi = 1$ implique $\overline{\alpha}\,\overline{\varphi}\,\overline{\beta}\,\overline{\psi} = 1$ est que l'on ait $\alpha = \theta\alpha_1$, $\beta = \theta^{-1}\beta_1$; $\theta \in \mathfrak{S}_E$; $\alpha_1, \beta_1 \in \mathfrak{S}_{A\setminus E}$.

Preuve.- On a $\alpha\varphi\beta\psi = \theta\alpha_1\varphi\theta^{-1}\beta_1\psi = \theta\,(\alpha_1\varphi\beta_1)\,\theta^{-1}\psi$ et la proposition résulte du lemme 5.1.7. .

5.2. Biinvodécompositions.

<u>5.2.1. Définition.</u> Pour $\sigma \in \mathfrak{S}_A$, une décomposition de σ en un produit de deux involutions — nous dirons alors une biinvodécomposition et, en abrégé, une b.i.d. — sera dite *intraorbitale* si les orbites de chacune des deux involutions sont contenues dans celles de σ, et *extraorbitale* dans le cas contraire.

<u>5.2.2. Proposition.</u> Toute substitution admet des biinvodécompositions intraorbitales. Une condition nécessaire et suffisante pour qu'elle en admette d'extraorbitales est qu'elle possède au moins deux orbites distinctes de même cardinalité (finie ou dénombrable).

Preuve.- Soit $\sigma = \alpha\beta$ une b.i.d. . Si α et β ne comportent que des points fixes, on est dans le cas où $\sigma = 1 = 1.1$. Le cas d'une b.i.d. triviale intraorbitale étant écarté, α et β présentent chacune au moins une transposition. Soit :

$$(x_0 y_0)\ ;\ x_0, y_0 \in A\ ;\ x_0 \neq y_0\ ;$$

la transposition qui appartient à α.

Posons, pour $i \in \mathbb{Z}$, $x_i = x_0 . \sigma^i$ et $y_i = y_0 . \sigma^i$.
La condition $\sigma = \alpha\beta$ équivaut à la condition que α contienne les transpositions (éventuellement points fixes en

cas d'égalité des points) de la forme $(x_i\ y_{-i})$ et que β contienne de même toutes les transpositions (éventuellement points fixes) de la forme $(x_i\ y_{-i+1})$.

Une condition nécessaire et suffisante pour qu'il puisse en être ainsi est que l'orbite de x_0 et celle de y_0 aient la même cardinalité, finie ou infinie.

Cette condition peut toujours être réalisée en prenant x_0 et y_0 dans la même orbite. Si la substitution σ n'admet pas deux orbites de même cardinalité, la condition ne peut d'ailleurs être réalisée que de cette manière et toutes les b.i.d. sont nécessairement intraorbitales. Au contraire, s'il existe au moins deux orbites de même cardinalité, il est possible, en les couplant, d'obtenir des b.i.d. extraorbitales.

5.2.3. Facteurs d'une b.i.d. (1) Dans le cas où x_0 et y_0 appartiennent à la même orbite Γ de σ, si l'on représente la restriction σ_Γ de σ à son orbite Γ d'une manière géométrique, par une rotation dans le cas fini et par une translation dans le cas infini, σ_Γ est alors décomposée en un produit de deux symétries, et cette remarque règle la question des formules donnant explicitement les deux facteurs de la b.i.d..

(2) Dans le cas où x_0 et y_0 appartiennent à deux orbites différentes de même cardinalité, on montre facilement que la restriction de toute b.i.d. extraorbitale à cette paire associée Γ', Γ'' s'obtient par la règle suivante.

Former toute b.i.d. intraorbitale pour un cycle Γ de même cardinalité. Si $\alpha\beta$ est une telle b.i.d., à tout point fixe (a) de Γ faire correspondre la transposition $(a'a'')$, à toute transposition (bc) de Γ, faire correspondre les deux transpositions $(b'c'')$ et $(c'b'')$.

Exemple. Pour $(a'b'c'd'e'f')(a''b''c''d''e''f'')$, partir de $(abcdef) = (a)(bf)(ce)(d) \cdot (ab)(fc)(ed)$. On obtient :

$\alpha = (a'a'')(b'f'')(b''f')(c'e'')(c''e')(d'd'')$;

$\beta = (a'b'')(a''b')(f'c'')(f''c')(e'd'')(e''d')$.

<u>5.2.4. Définition.</u> L'ensemble A étant fini, nous dirons que la biinvodécomposition $\sigma = \alpha\beta$; $\alpha, \beta \in \mathfrak{S}_A$; est équilibrée si et seulement si le nombre $\mathfrak{z}(\alpha)$ des orbites de α et le nombre $\mathfrak{z}(\beta)$ des orbites de β vérifient la condition :

$$|\, \mathfrak{z}(\alpha) - \mathfrak{z}(\beta) \,| \leq 1 .$$

<u>5.2.5. Lemme.</u> Toute substitution admet des biinvodécompositions intraorbitales équilibrées. Pour une telle décomposition $\sigma = \alpha\beta$, on a :

$$\mathfrak{z}(\alpha) + \mathfrak{z}(\beta) = \mathfrak{z}(\sigma) + \underline{\text{Card}}\ A .$$

Preuve.- 1. Considérons le cas où σ ne comprend qu'un seul cycle. Si la longueur du cycle est impaire, soit $n = 2r+1$, chaque facteur de la b.i.d. intraorbitale possède un point fixe et r transpositions, d'où :

$$\mathfrak{z}(\alpha) = \mathfrak{z}(\beta) = r+1 ; \quad \mathfrak{z}(\alpha) + \mathfrak{z}(\beta) = 2r+2 = 1+n .$$

Si la longueur du cycle est paire, soit $n = 2r$, l'un des facteurs possède deux points fixes et $r-1$ transpositions, l'autre r transpositions, par exemple :

$$\mathfrak{z}(\alpha) = r+1 , \ \mathfrak{z}(\beta) = r ; \ \mathfrak{z}(\alpha) + \mathfrak{z}(\beta) = 2r+1 = 1+n .$$

La proposition est donc vérifiée pour les cycles.

2. Au cas où σ est paire, la condition d'équilibre implique $\mathfrak{z}(\alpha) = \mathfrak{z}(\beta)$. Au cas où σ est impaire, on peut écrire $\sigma = \sigma'\gamma$, σ' étant une substitution paire et γ un cycle de longueur paire. Il suffit donc d'établir la proposition pour les produits de deux cycles disjoints de longueurs paires. Pour deux tels cycles il suffit d'associer une décomposition où le premier admet deux points fixes et le second aucun — ou inversement.

Remarque. Pour σ paire, une b.i.d. intraorbitale équilibrée est telle que ses deux facteurs appartiennent à une même classe de conjugaison. On notera toutefois qu'il peut exister, quand σ admet des cycles de même longueur, des b.i.d. qui ne sont pas intraorbitales mais qui sont équilibrées. La somme $\mathfrak{z}(\alpha) + \mathfrak{z}(\beta)$ est alors inférieure à $1 + \mathfrak{z}(\sigma)$.

5.3. Solution d'un problème extrémal.

5.3.1. Théorème. L'entier $M(\sigma)$ défini par

$$M(\sigma) = \mathrm{Max}\left\{\min\left(z(\sigma'), z(\sigma'')\right) : \sigma = \sigma'\sigma''; \sigma', \sigma'' \in \mathfrak{S}_n\right\}$$

est égal à la partie entière de $\frac{1}{2}\left(n + z(\sigma)\right)$.

Preuve.– En vertu du lemme 5.2.5. il est clair que $M(\sigma)$ est au moins égal au nombre indiqué.

On vérifie directement que pour $n = 1$ et $n = 2$ l'égalité a lieu.

Supposons qu'il n'en aille pas toujours ainsi et soit N l'entier minimal pour lequel il existe $\sigma, \tau, \theta \in \mathfrak{S}_N$ avec :

$$\sigma = \tau\theta ; \; z(\tau), z(\theta) > \left[(N + z(\sigma))/2\right],$$

où les crochets désignent la partie entière.

Puisque l'on a $z(\sigma) \geqslant 1$, τ et θ ont chacune au moins un point fixe.

α) Si elles admettent un point fixe commun, soit i, celui-ci l'est aussi pour σ. Posons, pour $\varphi \in \mathfrak{S}_N$, $\Phi_N^{\{i\}}(\varphi) = \overline{\varphi}$. En vertu de la proposition 5.1.5. on a :

$$\overline{\sigma} = \overline{\tau}\,\overline{\theta}, \text{avec } z(\overline{\tau}), z(\overline{\theta}) > \left[(N - 1 + z(\overline{\sigma}))/2\right],$$

ce qui contredit la minimalité de N.

β) Si τ et θ n'ont pas de point fixe commun, soit $i.\tau = i$; $j.\theta = j$; $i \neq j$. Les éléments i et j ne sont pas des points fixes pour σ. Posons, pour $\varphi \in \mathfrak{S}_N$, $\Phi_N^{\{i,j\}}(\varphi) = \overline{\varphi}$. En appliquant deux fois la proposition 5.1.5. (ce qui revient à appliquer le théorème 5.1.6. dans le cas (1)), on aboutit, avec $z(\overline{\sigma}), z(\overline{\tau}), z(\overline{\theta})$ et $N - 2$, à une inégalité analogue à la précédente, qui contredit encore la minimalité de N.

5.3.2. Corollaire. Pour $b \in X^! \times X^! \cap B_X^{\mu} \cap B_X^{\mu}$, on a :

$$\mathrm{ipro}(b) = \frac{1}{2}\left(k - 1 + z(\sigma(b))\right).$$

Remarque. $\sigma(b)$ étant paire, le nombre indiqué est bien un entier.

5.3.3. Lemme. Si b est une (k1)-bipermutation involutive de substitution pi-frontalière σ, la décomposition

$$\sigma = \sigma_{b2}\, \sigma_I$$

est une b.i.d. équilibrée.

Preuve.- Il est clair que les substitutions naturellement attachées à une bipermutation involutive sont des involutions. Dans le cas d'une (k1)-bipermutation elles sont égales (après l'identification canonique de $^-\mathfrak{A}$ et $^+\mathfrak{A}$). Or σ_I est conjuguée de σ_{b1}.

Remarque. Il est clair que les involutions naturellement attachées définissent, par σ_{b2} et σ_I, une b.i.d. dont les deux facteurs sont dans la même classe de conjugaison.

5.3.4. Définition. Une (k1)-bipermutation sera dite parfaite si et seulement si les involutions qui lui sont naturellement attachées définissent une b.i.d. intraorbitale de la substitution pi-frontalière.

EXEMPLES. 1° $b = (a\,b\,c\,d\,e\,f\,g\,h\,i\,j\,,\ j\,d\,c\,b\,i\,g\,f\,h\,e\,a)$.
On obtient (Cf. 4.3.9.) :

$$\sigma = \left({j \atop a}\; c\right)(d\,b\,h)(f\,g\,e\,i)\;;\quad \sigma = \sigma_{b2}\,\sigma_I \quad \text{avec :}$$

$$\sigma_{b2} = \left({j \atop a}\right)(c)(h)(d\,b)(i\,e)(f\,g)\ ,\quad \text{intraorbitale ;}$$

b est parfaite.

2° $b' = (a\,b\,c\,d\,e\,f\,g\,h\,i\,j\,,\ j\,d\,g\,b\,i\,h\,c\,f\,e\,a)$.

$$\sigma = \left({j \atop a}\; c\,e\,i\,g\right)(b\,h)(d\,f)\;;\quad \sigma = \sigma_{b'2}\,\sigma_I \quad \text{avec :}$$

$$\sigma_{b'2} = \left({j \atop a}\right)(b\,d)(g\,c)(e\,i)(f\,h)\ ,\quad \text{extraorbitale;}$$

b' n'est pas parfaite.

Il ne peut exister de bipermutation involutive non parfaite que si la substitution pi-frontalière admet au moins deux orbites distinctes de même cardinalité. La bipermutation b' ci-dessus illustre ce fait.

5.3.5. Définition. Pour $(f,f') \in X^! \times X^!$ nous appellerons solution immédiate de l'équation (f,f') la solution obtenue en affectant un paramètre à chaque cycle de la substitution $\varphi = \binom{f'}{f}$. Le nombre de ces paramètres est donc $z(\varphi)$.

5.3.6. Proposition. Soit $b \in X^! \times X^!$; si $Pi(b)$ contient une $(k1)$-bipermutation involutive et parfaite, alors on a

$$par(b) = ifro(b) = \frac{1}{2}\left(k-1+z(\sigma(b))\right).$$

Preuve.- Soit $(f,f') \in Pi(b)$ une $(k1)$-bipermutation involutive et parfaite.

La solution immédiate de (f,f') dépend de $z(\sigma_{b2})$ paramètres, nombre qui, sous les hypothèses faites, est égal à $ifro(b)$.

5.3.7. Conclusion de la présente section. Nous savons que $par(f,f') \leq ifro(f,f')$. Nous savons d'autre part que l'égalité peut être atteinte à la condition suffisante que $Pi(f,f')$ contienne une bipermutation involutive et parfaite.

La question se pose donc de savoir si le pi-système d'une bipermutation indécomposable contient nécessairement une bipermutation de cette nature.

A cette question, nous pourrons répondre par l'affirmative, mais il convient au préalable de développer de nouvelles techniques concernant les pi-systèmes.

6. Bi-systèmes bipermutationnels.

6.1. Types.

6.1.1. Complément de terminologie. Nous continuons à désigner par k la cardinalité de l'ensemble fini X. Pour $(f,f') \in X^! \times X^!$ nous appelons substitution typique de (f,f') la substitution $\varphi \in \mathfrak{S}_k$ définie par :

$$f'^{(j)} = f^{(\varphi(j))} ; \quad j \in [k] ;$$

et nous appelons type de (f,f') la permutation de $[k]$ définie par :

$$\text{type}\,(f,f') = \langle \varphi(1) \ \ \varphi(2) \cdots \varphi(j) \cdots \varphi(k) \rangle = \langle \varphi \rangle .$$

EXEMPLE. Pour $b = (x_3\, x_2\, x_1\, x_5\, x_4 \,,\, x_5\, x_3\, x_1\, x_4\, x_2)$, on a :

$$\text{type}\,(b) = \langle 4\ 1\ 3\ 5\ 2 \rangle .$$

La substitution typique de la bipermutation b étant φ, on vérifie aisément que celles de ses associées sont respectivement φ^{-1} pour l'inversée, $\gamma\varphi^{-1}\gamma$ pour la retournée et $\gamma\varphi\gamma$ pour la retournée inversée, en posant :

$$\gamma = \begin{pmatrix} 1 & 2 \ldots & j & \ldots & k \\ k & k-1 \ldots & k+1-j & \ldots & 1 \end{pmatrix} .$$

Nous dirons que b est involutive, resp. réversible, resp. inversement réversible si et seulement si $\varphi = \varphi^{-1}$, resp. $\varphi = \gamma\varphi^{-1}\gamma$, resp. $\varphi = \gamma\varphi\gamma$; il est clair que deux de ces propriétés prises conjointement entraînent la troisième.

Enfin, nous appellerons application typante et nous désignerons par $\mathcal{T}$ l'application :

$$\mathcal{T} : X^! \times X^! \longrightarrow [k]!$$

qui envoie chaque bipermutation sur son type.

6.1.2. Opérations sur les types. Les p-opérations sur les types se définissent à partir des p-opérations sur les bipermutations par application typante et fermeture de diagramme :

$$\begin{array}{ccc} b & \xrightarrow{\mathcal{T}} & \mathcal{T}b \\ \downarrow & & \downarrow \\ pb & \xrightarrow{\mathcal{T}} & \mathcal{T}pb = p\mathcal{T}b \end{array} \qquad p \in \{pig, pid, pug, pud\}$$

Par abus de langage, nous donnons à l'opération induite le même nom qu'à l'opération inductrice.

Les lemmes 4.3.2. conduisent aux règles opératoires suivantes ; $\langle\varphi\rangle$ étant indécomposable, avec :

$1 = \varphi(1+\alpha)$; $\varphi(1) = 1+\beta$; $k = \varphi(k-\gamma-1)$; $\varphi(k) = k-\delta-1$;

on a :

$$pig\langle\varphi\rangle = \langle\varphi\rangle \cdot \big(\varphi(1)\ \varphi(2) \cdots \varphi(\alpha)\big) \ ;$$

$$pid\langle\varphi\rangle = \langle\varphi\rangle \cdot \big(\beta\ \ \beta-1\ \cdots\ 1\big) \ ;$$

$$pug\langle\varphi\rangle = \langle\varphi\rangle \cdot \big(\varphi(k)\ \varphi(k-1) \cdots \varphi(k-\gamma)\big) \ ;$$

$$pud\langle\varphi\rangle = \langle\varphi\rangle \cdot \big(k-\delta\ \ k-\delta+1 \cdots\ k\big) \ ;$$

le sens exact de ce symbolisme apparaîtra au cours des exemples données plus bas.

6.1.3 Représentation des bipermutations. D'un point de vue algorithmique, il est expédient de représenter une bipermutation par son second membre et son type. Les calculs peuvent être conduits comme l'indique l'exemple suivant.

$$b = (a\,b\,c\,d\,e\,f\,g\,h\ ,\ e\,b\,h\,f\,a\,g\,d\,c) \ ;$$

on écrit :

$$b = \begin{array}{cccccccc} 5 & 2 & 8 & 6 & 1 & 7 & 4 & 3 \\ e & b & h & f & a & g & d & c \end{array} \ ;$$

on calcule :

$$pig\, b = \begin{array}{cccccccc} 2 & 8 & 6 & 5 & 1 & 7 & 4 & 3 \\ b & h & f & e & a & g & d & c \end{array} \ ; \quad pid\, b = \begin{array}{cccccccc} 5 & 1 & 8 & 6 & 4 & 7 & 3 & 2 \\ e & b & h & f & a & g & d & c \end{array} .$$

$$\text{pug}\,b = \begin{matrix} 5 & 2 & 8 & 3 & 6 & 1 & 7 & 4 \\ e & b & h & c & f & a & g & d \end{matrix} \; ; \; \text{pud}\,b = \begin{matrix} 6 & 2 & 4 & 7 & 1 & 8 & 5 & 3 \\ e & b & h & f & a & g & d & c \end{matrix} .$$

<u>6.1.4. Algorithme pour former σ.</u> On vérifie immédiatement que l'on forme le σ de la bipermutation :

$$\left(1 \;\; 2 \ldots j \ldots k \,,\; \varphi(1)\; \varphi(2) \cdots \varphi(j) \cdots \varphi(k)\right)$$

en posant:

$$\tau_G : {}^{-}j \longmapsto {}^{+}(j-1) \;;\; \tau_D : {}^{+}\varphi(i) \longmapsto {}^{-}\varphi(i+1) \;;$$

et en identifiant :

$$^{+}0 \text{ avec } ^{+}\left(\varphi(1)-1\right) \text{ et } ^{+}k \text{ avec } ^{+}\varphi(k).$$

On a alors, pour ce σ " numérique" :

$$\sigma : \varphi(i) \longmapsto \varphi(i+1) - 1 \quad ,$$

(en omettant les indices). On en déduit immédiatement σ sous la forme d'un produit de cycles disjoints.

EXEMPLE.

$$b = \begin{matrix} 5 & 2 & 8 & 6 & 1 & 7 & 4 & 3 \\ e & b & h & f & a & g & d & c \end{matrix}$$

On a $8 \sim 3$; 8 va sur $6-1=5$; 5 va sur $2-1=1$; 1 va sur $7-1=6$; 6 va sur $1-1=0 \sim 5-1=4$; 4 va sur $3-1=2$; 2 va sur $8-1=7$; 7 va sur $4-1=3 \sim 8$; terminé.

$$\text{D'où } \sigma = \begin{pmatrix} 8\sim 3 & 5 & 1 & 6 & 4 & 2 & 7 \\ h \sim c & e & a & f & d & b & g \end{pmatrix}.$$

6.2. Systèmes de types.

<u>6.2.1. Morphismes de systèmes.</u> Il est clair que l'on peut définir des systèmes de types pour les p-opérations et que l'application $\mathcal{C}$ est un homomorphisme d'un système de bipermutations vers un système de types. Pour les homomorphismes où interviennent des systèmes de types, nous gardons la terminologie introduite en 3.2.6.

<u>6.2.2. Proposition.</u> Le pi-système engendré par un

type $\langle\varphi\rangle$ indécomposable,
(1) n'admet pas d'automorphisme simple autre que l'identité;
(2) admet au plus un automorphisme croisé, à savoir l'*inversotypie* qui envoie chaque type sur son inverse.

Preuve.- En vertu de l'indécomposabilité, on peut toujours supposer que $\langle\varphi\rangle$ est le type d'une (k1)-bipermutation. Le naturel $\varphi(i)$ donne la périodicité de l'opération pid appliquée au type $pig^{i-1}\langle\varphi\rangle$. Un automorphisme simple (resp. croisé) ne peut donc envoyer $\langle\varphi\rangle$ que sur lui-même (resp. $\langle\varphi^{-1}\rangle$).

<u>6.2.3. Proposition.</u> Le pi-système engendré par une bipermutation indécomposable ne peut pas admettre d'autres isautomorphismes simples que ceux qui conservent le type - les *isotypies* - ni d'autres automorphismes croisés que ceux qui inversent le type — les *inversotypies*.

Preuve.- Sinon, en appliquant $\mathcal{C}$ à un système convenable, on contredirait la proposition 6.2.2.

<u>6.2.4. Lemme.</u> Si $\langle\varphi\rangle$ est un type indécomposable, quelle que soit la p-opération désignée par β, les types $\beta\langle\varphi\rangle$ et $\beta'\langle\varphi^{-1}\rangle$ sont inverses l'un de l'autre, β' étant l'antagoniste de β.

Preuve.- Découle immédiatement des formules données en 6.1.2.

<u>6.2.5. Proposition.</u> Le β-système (β étant pi ou pu ou pp) engendré par une bipermutation indécomposable involutive de type $\langle\varepsilon\rangle$ admet l'inversotypie $\underset{\sim}{\mathrm{Inv}}$ donnée par :

$$\underset{\sim}{\mathrm{Inv}}\,(g, g') = (g'.\varepsilon\,,\, g.\varepsilon)\,.$$

Preuve.- Pour $\rho \in \mathfrak{S}_X$, il existe un isomorphisme simple, obtenu par identité des dérivations, entre les β-systèmes qui engendrent respectivement (f, f') et $(f.\rho\,,\, f'\rho)$; appelons-le isomorphisme ρ-canonique.

D'autre part, en vertu du lemme 6.2.4., l'application qui envoie chaque bipermutation (g, g') du β-système sur la bipermutation (g', g) est un isomorphisme croisé.

Le produit (commutatif) de cet isomorphisme et de l'isomorphisme ε-canonique est l'isomorphisme $\underset{\sim}{\mathrm{Inv}}$ défini plus haut.

Mais, puisque la bipermutation (f, f') qui engendre le β-système est une involution de type $\langle \varepsilon \rangle$, on a :

$$\underset{\sim\sim}{\mathfrak{Inv}}(f, f') = (f' \cdot \varepsilon, f \cdot \varepsilon) = (f, f').$$

$\underset{\sim\sim}{\mathfrak{Inv}}$ est donc un automorphisme croisé; le fait qu'il soit une inversotypie apparaît directement, sans recours à la proposition 6.2.3.

6.3. Types indécomposables.

6.3.1. Théorème. Le nombre $f(n)$ des types indécomposables d'ordre n vérifie la relation de récurrence :

$$n! = f(n) + 1!\,f(n-1) + \cdots + (n-p)!\,f(p) + \cdots (n-2)!\,f(2) + (n-1)!$$

avec la condition initiale $f(2) = 1$.

Preuve. – Les types d'ordre 2 étant $\langle 1\ 2 \rangle$ et $\langle 2\ 1 \rangle$, on a d'abord $f(2) = 1$.

Pour qu'un type $\langle \varphi \rangle$ d'ordre n soit décomposable, il faut et il suffit qu'il existe au moins un entier $p < n$ tel que :

$$\{1, 2, \cdots, p\} = \{\varphi(1), \varphi(2), \cdots, \varphi(p)\}.$$

A chaque type décomposable, attachons l'entier minimal π possédant la propriété précédente. La minimalité de π implique que le type

$$\langle \varphi_\pi \rangle = \langle \varphi(1), \varphi(2), \cdots, \varphi(\pi) \rangle$$

est indécomposable d'ordre π.

Il existe $f(\pi)$ types de cette espèce, à chacun desquels sont associés $(n-\pi)!$ types distincts décomposables d'ordre n. Le dénombrement étant complet et sans répétitions, on a bien :

$$n! - f(n) = (n-1)! + \sum_{\pi=2}^{n-1} (n-\pi)!\,f(\pi) \quad ,$$

ce qui établit la proposition.

En posant conventionnellement $f(1) = 1$, on écrit plus élégamment :

$$f(n) = n! - \sum_{p=1}^{n-1} (n-p)!\,f(p).$$

6.3.2. Corollaire I. Le rapport $g(n) = f(n)/n!$ vérifie

l'équation de récurrence : $1 = g(n) + \sum_{i=1}^{n-1} g(i) / C_n^i$.

6.3.3. Corollaire II. La série génératrice associée aux nombres des types indécomposables est :

$$1 - \left(\sum_{n=1}^{\infty} n!\, x^n \right)^{-1} .$$

Preuve.- Posant $S(t) = \sum_1^{\infty} f(n)\, t^n$ et $E(t) = \sum_{n=0}^{\infty} n!\, t^n$, on vérifie aisément que :

$$S(t)\, E(t) = -1 + E(t) .$$

6.3.4. Indications numériques.

n	: 2	3	4	5	6	7
types décomposables	: 1	3	11	49	259	1593
types indécomposables	: 1	3	13	71	461	3447
$n!$	: 2	6	24	120	720	5040
$g(n)$	: 0,5	0,5	0,54...	0,59...	0,63...	0,68...

6.4. Systèmes contraints.

6.4.1. Terminologie. Dans cette section, nous considérons exclusivement des pi-systèmes $\langle Pi(f,f'); pig, pid \rangle$ engendrés par quelque bipermutation indécomposable (f,f'), systèmes que nous appelons pi-systèmes bipermutationnels minimaux et, en abrégé, pi-sbm.

Les seules opérations utilisées étant pig et pid, nous en abrégeons la désignation en $\mathcal{L}$ (left) et $\mathcal{R}$ (right) respectivement.

Pour faciliter l'expression, nous introduisons les termes ci-après. Etant donné $\mathcal{b} \in X^! \times X^!$ et une lettre $x \in X$, nous appelons rang (resp. place) de x son ordinal dans le premier (resp. second) membre de $\mathcal{b}$.

Exemple. $\mathcal{b} = \begin{matrix} 5 & 2 & 8 & 6 & 1 & 7 & 4 & 3 \\ e & b & h & f & a & g & d & c \end{matrix}$,

la lettre f a pour place $pl(f) = 4$ et pour rang $rg(f) = 6$.

Enfin, les lettres "éclairées" comme $\mathbb{A}$, $\mathbb{C}$, ... représenteront toujours des pi-sbm.

6.4.2. Définition. Soit C une partie de X, formée de lettres dites *contraintes*. En interdisant l'opération $\mathcal{L}$ si quelque lettre contrainte figure à l'initiale gauche et l'opération $\mathcal{R}$ s'il s'en trouve une à l'initiale droite, on obtient sur $X^! \times X^!$ des *systèmes contraints*.

Commentaire. Dans ce qui suit, nous nous intéresserons à certains pi-systèmes contraints $\mathbb{C} = \mathbb{C}[b ; C]$ engendrés par quelque bipermutation b, en présence d'un ensemble C de lettres contraintes. Soit $b' = \mathcal{S}_C\, b$ la bipermutation formée à partir de b par le morphisme littéral (*deleatur*) $\mathcal{S}_C$ tel que $\mathcal{S}_C x = x$ si $x \notin C$ et sinon le mot vide.

Si b' est indécomposable sur $X \setminus C$, elle engendre un pi-sbm non contraint $\mathbb{A}'$ si celui-ci n'est pas dégénéré. L'opérateur $\mathcal{S}_C$ définit un isomorphisme de $\mathbb{C}$ muni des opérations contraintes vers $\mathbb{A}'$ muni des opérations non contraintes.

Il sera commode de dire que $\mathbb{C} = \mathbb{C}[b, C]$ *porte* un pi-sbm $\mathbb{A}$ isomorphe à $\mathbb{A}'$. Si la substitution pi-frontalière de $\mathbb{C}$, égale par définition à celle du pi-sbm engendré par b sans contrainte, est désignée par σ, nous désignerons par σ_P celle du système porté.

6.4.3. Lemme. Pour toute bipermutation appartenant au pi-système $\mathbb{C}[b ; \{x\}]$, la lettre y définie par $^+y = {}^-x \cdot \tau_G$ et la lettre y' définie par $^+y' = {}^-x \cdot \tau_D^{-1}$ sont fixes.

Preuve.- En vertu de la dualité, il suffit de considérer $x \cdot \tau_G$. L'opération $\mathcal{L}$ conserve les rangs. Pour $\mathcal{R}$:

a) si $\varphi(1) < rg(x)$, x et y gardent leurs rangs ;

b) si $\varphi(1) > rg(x)$:

(i) pour $rg(y) > 1$, x et y voient leurs rangs diminuer chacun d'une unité ;

(ii) pour $rg(y) = 1$, l'opération $\mathcal{R}$ donne $rg(x) = 1$ et $rg(y) = \varphi(1) - 1$. Mais, dans la bipermutation obtenue, d'une part on a $\varphi(1) - 1 \sim 0$, d'autre part la contrainte sur x rend $\mathcal{L}$ inapplicable. La seule opération possible est $\mathcal{R}$, de sorte que l'équivalence $\varphi(1) - 1 \sim 0$ est non ambiguë.

6.4.4. Définition. $\mathcal{A}$ étant un pi-sbm et $\mathcal{b}$ appartenant à $\mathcal{A}$, nous dirons d'une lettre non ultième $x \in X$ qu'elle est explicitement forte dans $\mathcal{b}$ si et seulement si le rang de x est $k-1$ et sa place inférieure à la place de la lettre qui a pour rang 1.

Nous dirons que x est forte dans $\mathcal{A}$ si et seulement si x est explicitement forte dans quelque $\mathcal{b} \in \mathcal{A}$.

Exemple. $\mathcal{b} = \begin{matrix} 7 & 2 & 9 & 1 & X & 8 & 6 & 5 & 4 & 3 \\ g & b & i & a & j & h & f & e & d & c \end{matrix}$ (X pour dix)

i est explicitement forte dans $\mathcal{b}$.

Par $\mathcal{R}^{-1}$, on obtient :

$$\mathcal{b}' = \begin{matrix} 7 & 3 & 9 & 2 & X & 8 & 1 & 6 & 5 & 4 \\ g & b & i & a & j & h & f & e & d & c \end{matrix} \; ;$$

Par $\mathcal{L}^4$:

$$\mathcal{b}'' = \begin{matrix} X & 8 & 7 & 3 & 9 & 2 & 1 & 6 & 5 & 4 \\ j & h & g & b & i & a & f & e & d & c \end{matrix} \; ;$$

Par $\mathcal{R}^{-1}$:

$$\mathcal{b}''' = \begin{matrix} X & 9 & 8 & 4 & 1 & 3 & 2 & 7 & 6 & 5 \\ j & h & g & b & i & a & f & e & d & c \end{matrix} \; .$$

h est explicitement forte dans $\mathcal{b}'''$, forte dans $Pi(\mathcal{b})$.

6.4.5. Lemme. $\mathcal{A}$ étant un pi-sbm sur X ($\operatorname{Card} X = k$), $f^{(k)}$ et $f'^{(k)}$ étant les deux ultièmes, fixes dans $\mathcal{A}$, σ la substitution pi-frontalière de $\mathcal{A}$, $\sigma = \sigma_2 \sigma_I$ une décomposition de σ dans laquelle ${}^{+}f^{(k)}$ $(= {}^{+}f'^{(k)})$ est point fixe de σ_2, une condition nécessaire pour que $\mathcal{A}$ contienne une $(k1)$-bipermutation $\mathcal{b}$ dans laquelle la substitution σ_1, $\mathcal{b}$-couplée avec σ_2, admette comme point fixe ${}^{-}f^{(k)}$ $(= {}^{-}f'^{(k)})$, est que σ_I admette comme point fixe une lettre forte.

Preuve.- Si une telle bipermutation $\mathcal{b}$ existe, on a $\sigma_1 = \tau_G \sigma_I^{-1} \tau_G^{-1}$, de sorte que la lettre conjuguée du point fixe ${}^{-}f^{(k)}$ est explicitement forte dans $\mathcal{b}$.

Commentaire. Ce lemme est utile dans l'étude des $(k1)$-bipermutations involutives, qui doivent satisfaire $\sigma_1 = \sigma_2$ (après identification canonique).

Ainsi, $\mathcal{A}$ étant engendré par $\mathcal{b} = \begin{matrix} 9 & 8 & 7 & 6 & 5 & 4 & 3 & 2 & 1 \\ i & h & g & f & e & d & c & b & a \end{matrix}$

on a $\sigma = \left(\begin{smallmatrix} i \\ a \end{smallmatrix}\; g\; e\; c\right)\left(h\; f\; d\; b\right)$.

On démontre (Cf. infra) que la seule lettre forte est h.
La décomposition :

$$(\mathrm{I})\ \sigma_2 = \left(\begin{smallmatrix} i \\ a \end{smallmatrix}\right)(gc)(e)(hb)(fd)\ ;\ \sigma_I = \left(\begin{smallmatrix} i \\ a \end{smallmatrix} g\right)(ce)(h)(bf)(d)$$

vérifie la condition ; tandis que la décomposition :

$$(\mathrm{II})\ \sigma_2 = \left(\begin{smallmatrix} i \\ a \end{smallmatrix}\right)(gc)(e)(fh)(db)\ ;\ \sigma_I = \left(\begin{smallmatrix} i \\ a \end{smallmatrix} g\right)(ce)(f)(hd)(b)$$

ne la vérifie pas. On voit que dans (I), σ_2 est couplée avec :

$$\sigma_1 = (bh)(df)\left(\begin{smallmatrix} i \\ a \end{smallmatrix}\right)(cg)(e) = \sigma_2\,,$$

tandis que dans (II), σ_2 est ~~le~~ couplée avec

$$\sigma_1 = (bh)(df)(g)\left(\begin{smallmatrix} i \\ a \end{smallmatrix} e\right)(c)\,,$$

qui n'admet pas $\begin{smallmatrix} i \\ a \end{smallmatrix}$ pour point fixe.

6.5. Pi-systèmes particuliers.

<u>6.5.1. Définition</u>. Nous dirons que le type $\langle\varphi\rangle$ est <u>spécial</u>, ou qu'il est le type d'une <u>bipermutation spéciale</u> si et seulement s'il est de la forme :

$$\langle\varphi\rangle = \langle k\ S_1 \dots S_i \dots S_\lambda\ 1\rangle\quad ;\ 1 \leq i \leq \lambda\ ;$$

avec des <u>tranches</u> S_λ dont les retournées $\widetilde{S}_\lambda$, concaténées dans l'ordre des λ croissants, donnent la permutation naturelle $2\ 3 \dots j\ j{+}1 \dots k{-}2\ k{-}1$.

EXEMPLES. Pour $k = 9$, les types $\langle 9\ 32\ 4\ 876\ 1\rangle$, $\langle 9\ 432\ 5\ 6\ 871\rangle$, $\langle 9\ 432\ 65\ 87\ 1\rangle$ etc. sont des types spéciaux.

Remarques. 1. Si deux tranches successives se réduisent l'une et l'autre à un seul entier, on a une séquence de la forme $j\ j{+}1$. Le type est réductible, celui qui en procède par réduction reste spécial.

2. Un type spécial dont la première tranche se réduit à 2 est médiatement pu-réductible, et réciproquement.
Exemple :
$\langle\varphi\rangle = \langle 5\ 2\ 43\ 1\rangle$; $pug\langle\varphi\rangle = \langle 5\ 12\ 43\rangle$; $pud\langle\varphi\rangle = \langle 2\ 3\ 5\ 4\ 1\rangle$.

3. Un type spécial dont la dernière tranche se réduit à $k-1$ est médiatement pi-réductible, et réciproquement.
Exemple :
$\langle\varphi\rangle = \langle 5\ 32\ 4\ 1\rangle$; $pig\langle\varphi\rangle = \langle 3\ 2\ 45\ 1\rangle$; $pid\langle\varphi\rangle = \langle 5\ 2\ 1\ 34\rangle$.

4. Le type porté obtenu à partir d'un type spécial par contrainte sur $\{{}^{k}_{1}\cdot\sigma,\ {}^{k}_{1}\cdot\sigma^{-1}\}$ reste spécial.
Exemples.
$\langle\varphi\rangle = \langle 8\ 54\underline{3}2\ 76\ 1\rangle$ donne $\langle 6\ 32\ 54\ 1\rangle$;

$\langle\varphi\rangle = \langle 8\ 4\underline{3}2\ 765\ 1\rangle$ donne $\langle 7\ 32\ 654\ 1\rangle$.

<u>6.5.2. Proposition</u>. Un type spécial est $(k1)$-involutif et parfait.

Preuve.- Le caractère $(k1)$-involutif est évident. Si t_i est le nombre des tranches de longueur impaire, on a $z(\sigma) = 1+t_i$ d'où $(k-1+z(\sigma))/2 = (k+t_i)/2$. C'est aussi le nombre des cycles des involutions naturellement attachées au type spécial.

<u>6.5.3. Définitions</u>. Nous appelons <u>type à retournement complet</u> d'ordre n et désignons par $\langle\tilde{n}\rangle$ $(n \geq 2)$ le type spécial dont la substitution typique vérifie pour tout i, $1 \leq i \leq n$, l'égalité $i+\varphi(i) = n+1$. Par abus de langage, le pi-système engendré par une bipermutation de type $\langle\tilde{n}\rangle$ sera dit <u>pi-Système à retournement complet d'ordre</u> n, et sera désigné par (RC_n).
Remarque.- $\langle\tilde{n}\rangle$ est involutif et réversible.

<u>6.5.4. Théorème.</u> (RC_n) comprend $2^{n-1}-1$ bipermutations et autant de types (le groupe d'isotypies est réduit à l'élément neutre); ce système ne comprend pas d'autre type involutif que le type spécial.

Preuve.- La proposition est vraie pour (RC_2) engendré par $b_2 = (x_1 x_2,\ x_2 x_1)$, système qui se réduit à cette seule bipermutation.
On établit la proposition par récurrence sur n en remar-

quant que (RC_{n+1}) engendré par $b_{n+1} = \begin{matrix} n+1 & n & \dots & 2 & 1 \\ x_{n+1} & x_n & \dots & x_2 & x_1 \end{matrix}$ est isomorphe au pi-système engendré par pig (b_{n+2}) avec contrainte sur x_{n+2}.

Remarques. On voit immédiatement que (RC_n) est non réductible pour $n \geqslant 4$, stable par inversotypie, et que son graphe est planaire.

6.5.5. Proposition. Dans le pi-système (RC_n) engendré par $b_n = \begin{matrix} n & n-1 & \dots & 2 & 1 \\ x_n & x_{n-1} & \dots & x_2 & x_1 \end{matrix}$, x_{n-1} est la seule lettre forte.

Preuve.- Par récurrence, comme pour le théorème précédent.

Remarque. L'existence d'une seule lettre forte et le caractère planaire de leurs graphes mettent les pi-systèmes à retournement complet tout à fait à part des autres.

6.5.6. Définition. Nous appelons système totalement réductible d'ordre n (pour $n \geqslant 3$), et désignons par (TR_n), le pi-système engendré par une bipermutation spéciale dont le type $\langle \varphi \rangle$ est caractérisé par des tranches de longueur constante et égale à 1.

6.5.7. Proposition. Le pi-système (TR_n) contient $n(n-1)/2$ types et $\frac{1}{2}n!$ bipermutations ; son groupe d'isotypies est isomorphe à $\mathfrak{S}_{n-2}$.

Preuve.- On vérifie immédiatement que le graphe des types, si on le construit avec les opérations pig^{-1} et pid^{-1}, se place sur le réseau des nombres triangulaires.

Pour les isotypies, on démontre qu'elles permettent la transposition de toute paire de lettres non ultièmes.

6.6. Pi-sbm pour $k \leq 6$.

6.6.1. Résultats. Aux isomorphismes près, les seuls pi-sbm minimaux pour $k \leq 6$ sont ceux énumérés ci-après.

1. Pour $k = 1$, pas de bipermutation pi-transformable, donc pas de pi-système.

2. Pour $k = 2$, le seul type pi-transformable est le type spécial $\langle 21 \rangle$; il engendre (RC_2), réduit à une bipermutation.

3. Pour $k = 3$, un seul pi-sbm, à savoir $(RC_3) = (TR_3)$; c'est le seul entier pour lequel (RC_n) est réductible.

4. Pour $k = 4$, deux pi-sbm, à savoir (RC_4) et (TR_4).

5. Pour $k = 5$, quatre pi-sbm, dont (RC_5) et (TR_5). Les deux autres proviennent de (RC_4). L'un, une fois pi-réductible, est engendré par une spéciale de type $\langle 5\ 32\ 4\ 1 \rangle$; il compte 35 types et autant de bipermutations. L'autre, pu-réductible, est engendré par une spéciale de type $\langle 5\ 2\ 43\ 1 \rangle$; il compte 11 types et 33 bipermutations, son groupe d'isotypies étant cyclique d'ordre 3.

6. Pour $k = 6$, sept pi-sbm, dont (RC_6) et (TR_6). En dehors de (RC_6), il n'existe qu'un seul pi-sbm non réductible, il est engendré par une spéciale de type $\langle 6\ 32\ 54\ 1 \rangle$, il comporte 134 types et autant de bipermutations.

Proviennent de (RC_5) le pi-système une fois pi-réductible engendré par une spéciale de type $\langle 6\ 432\ 5\ 1 \rangle$ (types et   bipermutations) ainsi que le pi-système pu-réductible engendré par la spéciale de type $\langle 6\ 2\ 543\ 1 \rangle$ (types et bipermutations).

Proviennent des réductibles, obtenus pour $k = 5$, deux pi-sbm deux fois réductibles. L'un est engendré par une spéciale de type $\langle 6\ 2\ 3\ 54\ 1 \rangle$ (types), l'autre par une spéciale de type $\langle 6\ 2\ 43\ 5\ 1 \rangle$ (types).

Commentaire. Tous ces résultats se vérifient par des calculs purement mécaniques, mais assez volumineux que, pour faire court, nous ne reproduisons pas ici.

On notera que le pi-sbm attaché à $\langle 6\ 32\ 54\ 1 \rangle$ est le premier exemple d'un pi-sbm non lié à un retournement complet.

<u>6.6.2. Définition.</u> Nous dirons qu'un système est un <u>pi-système bipermutationnel net</u>, en abrégé pi-sbn si et seulement s'il est un pi-sbm non réductible.

Exemple. $\begin{matrix} 6 & 32 & 54 & 1 \\ f & cb & ed & a \end{matrix}$ engendre un pi-sbn.

6.7. Pi-sbn et lettres fortes.

<u>6.7.1.</u> L'alphabet X est toujours de cardinalité k. Pour $(f, f') \in X^! \times X^!$, nous introduisons les notations suivantes, σ étant la substitution pi-frontalière de (f, f') :

$$f^{(k)} = q \,;\; f'^{(k)} = a \,;\; \genfrac{}{}{0pt}{}{q}{a} \cdot \sigma = x \,;\; \genfrac{}{}{0pt}{}{q}{a} \cdot \sigma^{-1} = z .$$

Les minuscules grecques autres que φ, τ et σ désignent des naturels positifs ; les majuscules latines désignent des suites de naturels positifs, éventuellement vides ou réduites à un seul élément.

<u>6.7.2. Lemme.</u> Si $\mathbb{A}$ est un pi-sbn, pour $k \geqslant 6$, $\mathbb{A}$ contient une $(k1)$-bipermutation dans laquelle la lettre de rang 2 ne figure pas à la place 3

Preuve. - $\mathbb{A}$ contient une $(k1)$-bipermutation $\mathfrak{b}$. Prouvons que si $\mathfrak{b}$ présente la particularité envisagée, $\mathbb{A}$ contient une autre $(k1)$-bipermutation $\hat{\mathfrak{b}}$ qui ne présente plus cette particularité.

1. Supposons d'abord que la lettre de place 2 dans $\mathfrak{b}$ n'est pas de rang 3, alors :

$$\mathfrak{b} = \begin{matrix} k & \xi{+}1 & 2 & A & 3 & B & 1 \\ q & y & r & \dots & s & \dots & a \end{matrix} \quad ; \quad \xi > 2 .$$

La non-réductibilité implique que A est non vide.

par $\mathcal{L}$: $\begin{matrix} \xi+1 & 2 & A & 3 & B & k & 1 \\ y & r & \dots & s & \dots & q & a \end{matrix}$;

par $\mathcal{R}^2$: $\begin{matrix} \xi+1 & \xi & A_1 & 1 & B_1 & k & \xi-1 \\ y & r & \dots & s & \dots & q & a \end{matrix}$;

par $\mathcal{L}$: $\begin{matrix} \xi & A_1 & \xi+1 & 1 & B_1 & k & \xi-1 \\ r & \dots & y & s & \dots & q & a \end{matrix}$;

par $\mathcal{R}^{-1}$: $\begin{matrix} \xi & A_2 & \xi+1 & 2 & B_2 & k & 1 \\ r & \dots & y & s & \dots & q & a \end{matrix}$;

par $\mathcal{L}^{-1}$: $\begin{matrix} k & \xi & A_2 & \xi+1 & 2 & B_2 & 1 \\ q & r & \dots & y & s & \dots & a \end{matrix} = \hat{b}$.

2. Dans le cas non traité, on a :

$b = \begin{matrix} k & 3 & 2 & A & k-1 & B & 1 \\ q & s & r & \dots & u & \dots & a \end{matrix}$;

la non réductibilité implique que B est non vide.

Par $\mathcal{R}^{-1}$: $\begin{matrix} k & 4 & 3 & A_1 & 1 & B_1 & 2 \\ q & s & r & \dots & u & \dots & a \end{matrix}$;

par $\mathcal{L}$: $\begin{matrix} 4 & 3 & A_1 & k & 1 & B_1 & 2 \\ s & r & \dots & q & u & \dots & a \end{matrix}$;

par $\mathcal{R}$: $\begin{matrix} 4 & 2 & A_1 & k & 3 & B_1 & 1 \\ s & r & \dots & q & u & \dots & a \end{matrix}$;

par $\mathcal{L}^{\alpha}$: $\begin{matrix} k & 3 & B_1 & 4 & 2 & A_1 & 1 \\ q & u & \dots & s & r & \dots & a \end{matrix} = \hat{b}$ (α étant la puissance convenable).

6.7.3. Lemme. Un pi-sbn, autre que (RC_n) contient une $(k1)$-bipermutation telle que la bipermutation qui en procède par contrainte sur la lettre de place 2 ne soit pas à retournement complet ; de plus, dans cette $(k1)$-bipermutation, la lettre de rang 2 ne figure pas à la place 3.

Preuve.- Le pi-sbn $\mathcal{A}$ contient une $(k1)$-bipermutation b. Prouvons que, si b présente la particularité envisagée, $\mathcal{A}$ en contient une autre $\hat{b}$ privée de la dite particularité.

1. Supposons d'abord que la lettre de place 2 n'ait pas le rang 3, on a alors :

$$b = \begin{pmatrix} k & \theta & k-1 & k-2 & A & \theta+1 & \theta-1 & \theta-2 & B & 3 & 2 & 1 \\ q & x_\theta & x_{k-1} & x_{k-2} & \cdots & x_{\theta+1} & x_{\theta-1} & x_{\theta-2} & \cdots & x_3 & x_2 & a \end{pmatrix} ;$$

on a $\theta \neq k-1$ parceque b n'est pas à retournement complet.

Par $\mathcal{L}$ (*) :

$$\begin{pmatrix} \theta+1 & \theta-1 & \theta-2 & B & 3 & 2 & k & \theta & k-1 & k-2 & A' & \theta+2 & 1 \\ x_{\theta+1} & x_{\theta-1} & x_{\theta-2} & \cdots & x_3 & x_2 & q & x_\theta & x_{k-1} & x_{k-2} & \cdots & x_{\theta+2} & a \end{pmatrix} ;$$

Par $\mathcal{R}$:

$$\begin{pmatrix} \theta+1 & \theta & \theta-1 & B_1 & 4 & 3 & k & 1 & k-1 & k-2 & A' & \theta+2 & 2 \\ x_{\theta+1} & x_{\theta-1} & x_{\theta-2} & \cdots & x_3 & x_2 & q & x_\theta & x_{k-1} & x_{k-2} & \cdots & x_{\theta+2} & a \end{pmatrix} ;$$

Par $\mathcal{L}$:

$$\begin{pmatrix} k & \theta+1 & \theta & \theta-1 & B_1 & 4 & 3 & 1 & k-1 & k-2 & A' & \theta+2 & 2 \\ q & x_{\theta+1} & x_{\theta-1} & x_{\theta-2} & \cdots & x_3 & x_2 & x_\theta & x_{k-1} & x_{k-2} & \cdots & x_{\theta+2} & a \end{pmatrix} ;$$

Par $\mathcal{R}$:

$$\hat{b} = \begin{pmatrix} k & \theta & \theta-1 & \theta-2 & B_2 & 3 & 2 & k-1 & k-2 & k-3 & A_2 & \theta+1 & 1 \\ q & x_{\theta+1} & x_{\theta-1} & x_{\theta-2} & \cdots & x_3 & x_2 & x_\theta & x_{k-1} & x_{k-2} & \cdots & x_{\theta+2} & a \end{pmatrix} .$$

2. Dans le cas non traité on a :

$$\begin{pmatrix} k & 3 & k-1 & A & 5 & 4 & 2 & 1 \\ q & x_3 & x_{k-1} & \cdots & x_5 & x_4 & x_2 & a \end{pmatrix} ; \qquad (\text{on a supposé } k \geqslant 6)$$

Par $\mathcal{L}$:

$$\begin{pmatrix} 5 & 4 & 2 & k & 3 & k-1 & A & 1 \\ x_5 & x_4 & x_2 & q & x_3 & x_{k-1} & \cdots & a \end{pmatrix} ;$$

Par $\mathcal{R}$:

$$\begin{pmatrix} 5 & 2 & 4 & k & 1 & k-1 & A & 3 \\ x_5 & x_4 & x_2 & q & x_3 & x_{k-1} & \cdots & a \end{pmatrix} ;$$

Par $\mathcal{L}$:

$$\begin{pmatrix} k & 5 & 2 & 4 & 1 & k-1 & A & 3 \\ q & x_5 & x_4 & x_2 & x_3 & x_{k-1} & \cdots & a \end{pmatrix} ;$$

Par $\mathcal{R}$:

$$\hat{b} = \begin{pmatrix} k & 3 & k-1 & 2 & k-2 & k-3 & A_1 & 1 \\ q & x_5 & x_4 & x_2 & x_3 & x_{k-1} & \cdots & a \end{pmatrix} .$$

6.7.4. Théorème. Dans un pi-système net, autre qu'un pi-système à retournement complet, l'alphabet X étant supposé minimal et de cardinalité k, σ désignant la substitution pi-frontalière, q la lettre de rang k, a la lettre de place k, toute lettre autre que $x = \frac{q}{a} \cdot \sigma$ (et, par définition même autre que q et a) est une lettre forte.

(* à la puissance convenable)

Preuve.- Pour $k < 6$, il n'existe pas de pi-sbn autres que les systèmes à retournement complet. Pour $k = 6$ (Cf. 6.6.1.) il n'en existe qu'un (aux isomorphismes près), engendré par

$$\begin{matrix} 6 & 32 & 54 & 1 \\ q & cb & ed & a \end{matrix} .$$

On vérifie que ce pi-sbn contient les bipermutations :

$$\begin{matrix} 6\,3\,5\,2\,4\,1 \\ q\,d\,c\,b\,e\,a \end{matrix} \quad \text{et} \quad \begin{matrix} 6\,4\,2\,5\,3\,1 \\ q\,c\,e\,d\,b\,a \end{matrix}$$

On a $\frac{q}{a}\cdot\sigma = b$; les trois autres lettres e, c et d sont fortes. La preuve se fait alors par récurrence sur k pour $k \geqslant 6$.

A. Un pi-sbn comprend au moins une $(k1)$-bipermutation $\mathcal{b}$ vérifiant les conditions du lemme 6.7.3., s'il n'est pas à retournement complet.

Soit donc :

$$\mathcal{b} = \begin{matrix} k & \xi+1 & \theta & A & \theta-1 & B & 1 \\ q & y & t & \cdots & s & \cdots & a \end{matrix} ;$$

La condition $\theta \neq 2$ implique $\theta-1 \neq 1$. D'autre part la non-réductibilité implique $\theta-1 \neq \xi+1$. Ainsi la lettre s est bien placée comme il est écrit plus haut.

A1. On voit d'abord que la lettre y est forte, car si on lui donne le rang $k-1$ par des applications de $\mathcal{R}$, sa place reste inférieure à celle de la lettre de rang 1.

A2. Traitons le cas d'une lettre autre que y et que s. A cette fin, considérons le système contraint engendré par $\mathcal{b}$ avec contrainte sur y. La condition $\theta \neq 2$ implique que le système porté n'est pas pu-réductible. La condition prévue d'après le lemme 6.7.3. implique qu'il n'est pas à retournement complet. Donc l'hypothèse de récurrence s'applique et toute lettre autre que s est forte dans le système porté. D'autre part, dans le système contraint on a toujours $pl(y) = 1 + pl(q)$. Pour toute lettre $u \neq s$, on a dans le système porté une bipermutation de la forme :

$$\begin{matrix} k-1 & A & k-2 & B & 1 \\ q & \cdots & u & \cdots & a \end{matrix} ;$$

donc, dans le système porté :

$$\text{soit} \quad \begin{matrix} k & k-1 & A & k-2 & B & 1 \\ q & y & \cdots & u & \cdots & a \end{matrix} ;$$

soit $\begin{matrix} k & \eta & A & k-1 & B & 1 \\ q & y & \cdots & u & \cdots & a \end{matrix}$.

Le premier cas ne peut pas être réalisé, car il implique $u = x$ alors que le théorème concerne $u \neq x$. Donc u est forte.

B. Reste le cas de la lettre s. Nous y distinguerons à nouveau deux cas selon que place de s n'est pas ou est $k-1$.

B1. $b = \begin{matrix} k & \xi+1 & \theta & A & \theta-1 & \rho & B & 1 \\ q & y & t & \cdots & s & r & \cdots & a \end{matrix}$. Considérons le système contraint qu'engendre b avec contrainte sur r. Puisque la séquence $\theta-1\ \theta$ n'y apparaît pas, le système porté n'est pas réductible.

B1.1. Si ce système n'est pas à retournement complet, l'hypothèse de récurrence s'applique. On obtient dans le système porté une bipermutation : $\begin{matrix} k-1 & C & k-2 & - & D & 1 \\ q & \cdots & s & - & \cdots & a \end{matrix}$.

Dans le système contraint, le rang de r ne peut pas être $k-1$, car cela entraînerait la réductibilité. La bipermutation obtenue est donc $\begin{matrix} k & C_1 & k-1 & \rho_1 & D_1 & 1 \\ q & \cdots & s & r & \cdots & a \end{matrix}$. Donc s est forte.

B1.2. Si le système porté est à retournement complet, on a :

$$b = \begin{matrix} k & k-1 & k-2 & k-3 & \rho & k-4 & A & i+2 & i+1 & i-1 & B & 1 \\ q & y & t & s & r & u & \cdots & v & w & w' & \cdots & a \end{matrix} .$$

On utilise le système contraint engendré par b avec contrainte sur w.

C. Reste le cas où la place de s est $k-1$. Nous distinguerons encore deux cas selon que le rang de y n'est pas ou est $k-1$.

C.1. $b = \begin{matrix} k & \xi+1 & \theta & A & \xi+2 & B & \theta-1 & 1 \\ q & y & t & \cdots & u & \cdots & s & a \end{matrix}$ (pour $\xi+2 \neq \theta-1$).

Par $\mathcal{L}$: $\begin{matrix} \xi+2 & B & \theta-1 & k & \xi+1 & \theta & A & 1 \\ u & \cdots & s & q & y & t & \cdots & a \end{matrix}$.

Par $\mathcal{R}$: $\begin{matrix} \xi+2 & B_1 & \lambda-1 & k & 1 & \lambda & A_1 & 2 \\ u & \cdots & s & q & y & t & \cdots & a \end{matrix}$.

Par $\mathcal{L}$: $\begin{matrix} k & \xi+2 & B_1 & \lambda-1 & 1 & \lambda & A_1 & 2 \\ q & u & \cdots & s & y & t & \cdots & a \end{matrix}$.

Par $\mathcal{R}$: $\begin{matrix} k & \mu & B_2 & k-1 & \eta & 1 & A_2 & \alpha \\ q & u & \cdots & s & y & t & \cdots & a \end{matrix}$.

La lettre s est forte. Un calcul analogue établit le résultat dans le cas où $\xi+2 = \theta-1$.

C2. $b = \begin{matrix} k & k-1 & \theta & A & \theta-1 & 1 \\ q & y & t & \cdots & s & a \end{matrix}.$

C2.1. Supposons $\theta \neq k-2$, d'où $\theta+1 \neq k-1$. On peut écrire :

$$b = \begin{matrix} k & k-1 & \theta & \lambda & A & \theta+1 & B & \theta-1 & 1 \\ q & y & t & v & \cdots & u & \cdots & s & a \end{matrix}.$$

C2.1.1. Soit $\lambda > \theta+1$.

Par $\mathcal{L}^{|A|+5}$:

$$\begin{matrix} \theta+1 & B & \theta-1 & k & k-1 & \theta & \lambda & A & 1 \\ u & \cdots & s & q & y & t & v & \cdots & a \end{matrix}$$

Par $\mathcal{R}^{-1}$:

$$\begin{matrix} \theta+1 & B' & \theta & k & k-1 & 1 & \lambda & A' & 2 \\ u & \cdots & s & q & y & t & v & \cdots & a \end{matrix}.$$

Par $\mathcal{L}^{-2}$:

$$\begin{matrix} k & k-1 & \theta+1 & B' & \theta & 1 & \lambda & A' & 2 \\ q & y & u & \cdots & s & t & v & \cdots & a \end{matrix}.$$

Par $\mathcal{R}^{\theta-1}$:

$$\begin{matrix} k & k-\theta & 2 & B'' & 1 & k-\theta+1 & \lambda-\theta+1 & A'' & k-\theta+2 \\ q & y & u & \cdots & s & t & v & \cdots & a \end{matrix}.$$

Par $\mathcal{L}$:

$$\begin{matrix} k-\theta & 2 & B'' & k & 1 & k-\theta+1 & \lambda-\theta+1 & A'' & k-\theta+2 \\ y & u & \cdots & q & s & t & v & \cdots & a \end{matrix}.$$

Par $\mathcal{R}^{\lambda-\theta}$:

$$\begin{matrix} k-\theta & k-\lambda+1 & B''' & k & k-\lambda & k-\theta+1 & 1 & A''' & k-\theta+2 \\ y & u & \cdots & q & s & t & v & \cdots & a \end{matrix}.$$

Par $\mathcal{L}^{-3}$:

$$\begin{matrix} k & k-\lambda & k-\theta+1 & k-\theta & k-\lambda+1 & B''' & 1 & A''' & k-\theta+2 \\ q & s & t & y & u & \cdots & v & \cdots & a \end{matrix}.$$

Par $\mathcal{R}^{-\lambda+1}$:

$$\begin{matrix} k & k-1 & B_1 & 1 & B_2 \\ q & s & \cdots & u & \cdots \end{matrix}$$

C2.1.2. Soit $\lambda < \theta-1$. Partant de b, on a :

Par $\mathcal{R}^{k-\theta}$,

$$\begin{matrix} k & k-\theta & 1 & k-\theta+\lambda & A' & 2 & B' & k-1 & k-\theta+1 \\ q & y & t & v & \cdots & u & \cdots & s & a \end{matrix}.$$

Par $\mathcal{L}$:

$$\begin{matrix} k-\theta & k & 1 & k-\theta+\lambda & A' & 2 & B' & k-1 & k-\theta+1 \\ y & q & t & v & \dots & u & \dots & s & a \end{matrix}$$

Par $\mathcal{R}$:

$$\begin{matrix} k-\theta & k & k-\theta-1 & k-\theta+\lambda & A'' & 1 & B'' & k-1 & k-\theta+1 \\ y & q & t & v & \dots & u & \dots & s & a \end{matrix}$$

Par $\mathcal{L}^3$:

$$\begin{matrix} k-\theta+\lambda & A'' & k-\theta & k & k-\theta-1 & 1 & B'' & k-1 & k-\theta+1 \\ v & \dots & y & q & t & u & \dots & s & a \end{matrix}$$

Par $\mathcal{R}^{-\lambda+1}$:

$$\begin{matrix} k-\theta+\lambda & B_1 & k & B_2 & k-1 & 1 \\ v & \dots & q & \dots & s & a \end{matrix}$$

C2.2. $\theta = k-2$. On a alors :

$$\sigma = \begin{matrix} k & k-1 & k-2 & C & k-4 & \lambda & B & k-3 & 1 \\ q & y & t & \dots & w & u & \dots & s & a \end{matrix} .$$

d'où successivement :

$$\begin{matrix} k & 4 & 3 & C' & 1 & \theta & B' & 2 & 5 \\ q & y & t & \dots & w & u & \dots & s & a \end{matrix} ;$$

$$\begin{matrix} 3 & C' & k & 4 & 1 & \theta & B' & 2 & 5 \\ t & \dots & q & y & w & u & \dots & s & a \end{matrix} ;$$

$$\begin{matrix} 3 & C' & k & 4 & 2 & \theta & B' & 1 & 5 \\ t & \dots & q & y & w & u & \dots & s & a \end{matrix} ;$$

$$\begin{matrix} k & 4 & 2 & \theta & B' & 3 & C' & 1 & 5 \\ q & y & w & u & \dots & t & \dots & s & a \end{matrix} ;$$

$$\begin{matrix} k & 3 & 1 & \theta-1 & B'' & 2 & C'' & k-1 & 4 \\ q & y & w & u & \dots & t & \dots & s & a \end{matrix} ;$$

$$\begin{matrix} 3 & k & 1 & \theta-1 & B'' & 2 & C'' & k-1 & 4 \\ y & q & w & u & \dots & t & \dots & s & a \end{matrix} ;$$

$$\begin{matrix} 3 & k & 2 & \theta-1 & B'' & 1 & C'' & k-1 & 4 \\ y & q & w & u & \dots & t & \dots & s & a \end{matrix} ;$$

ce qui permet de conduire u à la première place et de donner à a le rang 1.

6.8. Pi-sbm et involutions.

<u>6.8.1. Définition.</u> σ désignant la substitution pi-frontalière d'un pi-sbm, on dira que la biinvodécomposition $\sigma = \sigma_2 \sigma_I$ est *utile* si et seulement si elle est équilibrée et si σ_2 admet pour point fixe l'élément correspondant aux deux ultièmes.

<u>Conséquence.</u> $\overset{+q}{+a} = \overset{q}{a}$ étant l'élément correspondant aux deux ultièmes (d'une façon générale, on sous-entendra l'indice "+" afin de simplifier les écritures) et $\Gamma_{\overset{q}{a}}$ désignant le cycle de cet élément dans σ, la restriction à $\Gamma_{\overset{q}{a}}$ d'une b.i.d. utile est nécessairement intraorbitale.

<u>6.8.2. Définition.</u> On dira qu'un couple $(s,t) \in X \times X$ est *central* pour une b.i.d. utile si et seulement si sont réalisées les conditions suivantes :

(i) s et t sont distincts et distincts de $\overset{q}{a}$;

(ii) s est distinct de $x = \overset{q}{a} \cdot \sigma$;

(iii) $s = t \cdot \sigma$;

(iv) la transposition (st) appartient soit à σ_2 soit à σ_I.

<u>6.8.3. Lemme.</u> Toute b.i.d. utile pour un pi-sbn admet un couple central.

Preuve.- Par raison d'irréductibilité, la longueur $|\Gamma_{\overset{q}{a}}|$ du cycle de $\overset{q}{a}$ est au moins égale à 2. Soit $y_i = \overset{q}{a} \cdot \sigma^i$, $i > 0$.

1. Supposons $|\Gamma_{\overset{q}{a}}| > 2$. Si $|\Gamma_{\overset{q}{a}}| = 2p+1$, on a $s = y_{p+1}$, $t = y_p$ et (st) appartient à σ_2.

Si $|\Gamma_{\overset{q}{a}}| = 2p+2$, $p \neq 0$, on a encore $s = y_{p+1}$, $t = y_p$, mais (st) appartient à σ_I.

2. Si $|\Gamma_q^a| = 2$, σ étant paire admet au moins un autre cycle de longueur paire. D'autre part, la b.i.d. étant utile, donc équilibrée, l'un au moins Γ' des autres cycles de longueur paire est traité intraorbitalement et donne dans σ_2 uniquement des transpositions ; parmi celles-ci il s'en trouve nécessairement une formée d'un couple central.

<u>6.8.4. Lemme.</u> $\mathcal{A}$ étant un pi-sbn et (s,t) un couple central attaché à une b.i.d. utile, $\mathcal{A}$ contient une bipermutation pour laquelle $rg(s) = 1 + rg(t)$.

Preuve.- En vertu du théorème 6.7.4. et de sa définition même, s est une lettre forte. $\mathcal{A}$ contient donc une bipermutation où s est explicitement forte. Par une puissance convenable de $\mathcal{L}$ on donne à s la place 1 puis, par une puissance convenable de $\mathcal{R}$, on donne à t le rang $k-2$.

<u>6.8.5. Lemme.</u> Dans un pi-sbn $\mathcal{A}$, $\sigma = \sigma_2 \sigma_I$ étant une b.i.d. utile, il existe une bipermutation b telle que σ_2 et sa b-couplée σ_1 admettent une transposition commune.

Preuve.- La proposition est vraie pour les pi-sbn à retournement complet, la seule b.i.d. utile dans ce cas étant réalisée par la bipermutation à retournement complet, pour laquelle on a $\sigma_2 = \sigma_1$.

La proposition est vraie pour le pi-sbn engendré par :

$$\begin{matrix} 6 & 32 & 54 & 1 \\ q & zx & cb & a \end{matrix} ,$$

la seule b.i.d. utile étant réalisée par cette bipermutation dans laquelle $\sigma_2 = \sigma_1$.

On peut donc raisonner par récurrence sur k, en se bornant aux pi-sbn qui ne sont pas à retournement complet.

En vertu du lemme précédent, $\mathcal{A}$ contient une (k1)-bipermutation b_0 telle que le couple central (s,t) vérifie :

$rg(s) = 1 + rg(t)$, c'est à dire $t = s \cdot \tau_G$;

$s = t \cdot \sigma$, par conséquent $t = s \cdot \sigma^{-1}$;

avec :

$$\tau_D \tau_G = \sigma_2 \sigma_I = \sigma \quad , \quad \text{ou encore :}$$

$$\tau_D \tau_G \sigma^{-1} = \sigma_2 \sigma_I \sigma^{-1} = 1.$$

On se trouve donc dans les conditions d'application du théorème 5.1.6. . Par fixation de $\{s,t\}$, posant $\Phi_{+\mathcal{A}}^{\{s,t\}}(\theta) = \overline{\theta}$, on a donc :

$$\overline{\sigma} = \overline{\tau_D}\,\overline{\tau_G} = \overline{\sigma_2}\,\overline{\sigma_I} \ .$$

Le système contraint $\mathbb{C}(b_0, \{s,t\})$ porte un système libre $\overline{\mathbb{A}}$ d'ordre $k-2$ pour le quel $\overline{\sigma}$ est la substitution pi-frontalière et $\overline{\sigma_2}\,\overline{\sigma_I}$ une b.i.d. utile.

En vertu de l'hypothèse de récurrence, $\overline{\mathbb{A}}$ contient une bipermutation $\overline{b}$ dans la quelle $\overline{\sigma_2}$ et $\overline{\sigma_1}$ ont en commun une transposition $(u\,v)$.

$\overline{b}$ est portée dans $\mathbb{C}$, donc dans $\mathbb{A}$ par une bipermutation b pour laquelle σ_2 et σ_1 ont en commun $(u\,v)$.

<u>Remarque</u>. La proposition s'étend aux pi-sbm quelconques en considérant le pi-sbr obtenu par contraction maximale.

<u>6.8.6. Théorème</u>. $\mathbb{A}$ étant un pi-sbm sur un alphabet X de cardinalité $k \geq 2$, σ sa substitution pi-frontalière et $\sigma = \sigma_2 \sigma_I$ une b.i.d. utile, $\mathbb{A}$ contient une $(k1)$-bipermutation involutive b telle que les involutions naturellement attachées à b soient $\sigma_{b1} = \sigma_{b2} = \sigma_1 = \sigma_2$.

Preuve.– La proposition se vérifie directement pour $k \leq 6$, on la démontrera par récurrence sur k.

Soit (f, f') une $(k1)$-bipermutation du pi-sbm $\mathbb{A}$, bipermutation dont l'existence et les propriétés sont assurées par le lemme 6.8.5. et soit $(u\,v)$ la transposition commune à σ_1 et σ_2.

Puisque σ_1 et σ_2 sont liées par :

$$\sigma_2 \tau_G^{-1} \sigma_1 \tau_D^{-1} = 1 ,$$

on se trouve, relativement au fixateur $\Phi_{+\mathcal{A}}^{\{u,v\}}$, dans les conditions d'application de la proposition 5.1.8.

On a donc : $\overline{\sigma_2}\,\overline{\tau_G}^{-1}\,\overline{\sigma_1}\,\overline{\tau_D}^{-1} = 1$,

ou encore :

$$\overline{\sigma_2}\,\overline{\tau_G}\,\overline{\sigma_1} = \overline{\tau_D} ,$$

d'où :

$$(1) \quad \sigma_P = \overline{\tau_D}\,\overline{\tau_G} = \overline{\sigma_2}\,(\overline{\tau_G}^{-1}\,\overline{\sigma_1}\,\overline{\tau_G}) = \overline{\sigma_2}\,\eta .$$

Le système contraint $\mathbb{C}[(f,f');\{u,v\}]$ porte un pi-système non contraint $\mathbb{A}_P$ dont la substitution pi-frontalière est σ_P.

Pour σ_P, (1) donne la b.i.d. utile $\overline{\sigma_2}\,\eta$, induite de $\sigma_2\sigma_I$ par la fixation de $\{u,v\}$.

Dans le système contraint, σ_2 et σ_1 ont toujours (uv) en commun.

En vertu de l'hypothèse de récurrence, $\mathbb{A}_P$ contient une $((k-2)1)$-bipermutation involutive $\overline{b}$ pour laquelle $\overline{\sigma_2}$ est l'involution naturellement attachée. La bipermutation b qui dans $\mathbb{C}$ porte $\overline{b}$ possède donc la propriété annoncée.

6.8.7. Théorème. (f,f') étant une équation bipermutationnelle indécomposable sur $X_{ff'} = X$, σ étant la substitution pi-frontalière de (f,f'), on a :

$$\mathrm{par}(f,f') = \frac{1}{2}\left(z(\sigma) + \mathrm{Card}\,X - 1\right).$$

Preuve.- La proposition découle immédiatement du théorème précédent et de la proposition 5.3.6. •

6.8.8. Exemple.

$$b = \begin{matrix} 14 & 10 & 8 & 7 & 13 & 12 & 4 & 3 & 11 & 2 & 9 & 6 & 5 & 1 \\ n & j & h & g & m & l & d & c & k & b & i & f & e & a \end{matrix} .$$

$$\sigma = \begin{pmatrix} 14n & 9 & 5 & 13 & 11 \\ 1a & i & e & m & k \end{pmatrix}\begin{pmatrix} 2 & 8 & 6 & 4 \\ b & h & f & d \end{pmatrix}\begin{pmatrix} 3 & 10 & 7 & 12 \\ c & j & g & l \end{pmatrix}.$$

$\mathrm{par}(b) = \frac{1}{2}(3+14-1) = 8$. Il est intéressant de remarquer que b est une $(k1)$-involutive non parfaite, de sorte que la solution immédiate, avec 7 paramètres, ne réalise pas les possibilités maximales.

Les involutions naturellement attachées à b réalisent une b.i.d. extraorbitale, qui associe les deux cycles de longueur quatre.

7. Equations quadratiques.

7.0.

Dans cette section, on détermine par (f,f') pour les équations (f,f') telles que l'on ait :

$$|ff'|_x \leqslant 2$$

pour tout élément x de X.

On utilisera la terminologie suivante.

Les bimots (f,f') tels que l'on ait : $\forall x \in X, |ff'|_x \leqslant 2$ seront dits *pluriquadratiques* ou, par abus de langage, *quadratiques*.

Les bimots quadratiques tels que l'on ait : $\exists y \in X, |ff'|_y = 1$ seront dits *quadratiques au sens large* (1) et, en abrégé, *q.s.l.* .

Les bimots quadratiques tels que l'on ait : $\forall x \in X, |ff'|_x = 2$ seront dits *strictement quadratiques* et, en abrégé *s.q.* .

---

(1) Le vocable "LARGE" n'est donc pas employé ici en conformité avec l'usage le plus habituel : il signifie que le bimot use effectivement de la latitude à lui permise de N'être PAS STRICTEMENT quadratique.

7.1. Préfixe et base d'un bimot.

7.1.1. Définition. On appellera *préfixe effectif* d'un bimot (f, f') un bifacteur gauche de ce bimot, soit (h, h'), tel que :

a) $|hh'| \neq 0$;

b) pour tout $x \in X_{hh'}$, $|f|_x \cdot |f'|_x = 1$;

c) tout bifacteur gauche $(\hat{h}, \hat{h}')$ de (f, f') tel que pour tout $x \in X_{\hat{h}\hat{h}'}$ on ait $|f|_x \cdot |f'|_x = 1$, est un bifacteur gauche de (f, f').

Si (f, f') admet un préfixe effectif, celui-ci est manifestement unique. Si (f, f') n'admet pas de préfixe effectif, on dira qu'il admet le *préfixe vide* $(h, h') = (e, e)$.
Dans ces conditions, tout bimot (f, f') est représentable de façon unique sous la forme :

$$(f, f') = (hg, h'g')$$

où (h, h') est le préfixe de (f, f') ; on dira que (g, g') en est la *base*.

7.1.2. Lemme. Une condition nécessaire et suffisante pour qu'un bimot soit bipermutationnel est que les deux membres de la base soient vides.
Preuve.– Immédiate.

7.1.3. Lemme. Si un bimot est équationnel, les deux membres de la base sont ou tous les deux vides, ou tous les deux non vides.
Preuve.– Toute lettre du préfixe reçoit un coefficient nul dans l'équation aux longueurs. Le bimot étant équationnel, la vacuité d'un membre de la base entraîne celle de l'autre.

7.1.4. Lemme. Si un bimot indécomposable admet un préfixe effectif, l'une au moins des pi-opérations est licite pour lui et détermine un bimot indécomposable.
Preuve.– L'indécomposabilité implique la pi-transformabilité.

Soient alors (f,f') un tel bimot, (h,h') son préfixe et soit par exemple $f^{(1)} = h^{(1)} = p$. La lettre p ne figurant pas effectivement dans l'équation aux longueurs, l'opération pig est licite.

La condition $|f|_p \cdot |f'|_p = 1$ implique que (f,f') s'écrit de façon unique sous la forme :

$$(pa, bpc) \quad ; \quad a,b,c \in X^*.$$

Posant $b = b^{(1)}d$, on obtient :

$$pig(f,f') = (pa, d\,b^{(1)}pc) ;$$

si ce bimot était décomposable, (f,f') l'aurait déjà été.

<u>7.1.5. Lemme</u>. Si le bimot (f,f') admet un préfixe dont un membre est vide, p et r désignant respectivement $f^{(1)}$ et $f'^{(1)}$ et $\varphi(p,r)$ désignant l'entier naturel $|f|_p \cdot |f'|_p \cdot |f'|_r \cdot |f|_r$, on a $\varphi(p,r) \neq 1$.

Preuve.- La condition $\varphi(p,r) = 1$ implique que les quatre facteurs du produit sont égaux à l'unité, donc que (p,r) est un bifacteur gauche du préfixe, donc que ce dernier admet deux membres non vides.

<u>Remarque</u>. On notera que la condition $\varphi(p,r) \neq 1$ équivaut à la disjonction :

$$|f|_p \cdot |f'|_p \neq 1 \text{ ou } |f|_r \cdot |f'|_r \neq 1 .$$

<u>7.1.6. Lemme</u>. Si le bimot (f,f') est indécomposable, équationnel et de base non vide, le pi-système de (f,f') contient un bimot (ℓ,ℓ') dont l'une au moins des initiales, soit x, est telle que :

$$|\ell|_x \cdot |\ell'|_x \neq 1 .$$

Preuve.- Si le bimot (f,f') admet un préfixe dont un membre est vide, il est lui-même le bimot annoncé.

Il suffit donc d'étudier le cas où $h = p h_1$ et $h' = r h'_1$, $p, q \in X$. On posera :

$$(f,f') = (hg, h'g') ; \quad g' = q g'_1 , \; q \in X .$$

Cas I. Supposons $|g'_1|_p \neq 0$, $|g'_1|_p = 1$. On a alors :

$g'_1 = \hat{g}'_1 p \check{g}'_1$ et $(f,f') = (p h_1 g,\ h' q \hat{g}'_1 p \check{g}'_1)$.

Soit $(l,l') = pig^{|h'|}(f,f') = (p h_1 g,\ q \hat{g}'_1 h' p \check{g}'_1)$.

Si l'on avait $|l|_q \cdot |l'|_q = 1$, q appartiendrait au préfixe de (f,f'), or il n'en est pas ainsi, donc $|l|_q \cdot |l'|_q \neq 1$.

Cas II. Reste le cas où $|g'_1|_p = 0$. La lettre p qui appartient au préfixe figure donc exactement une fois dans h'. On peut également supposer que r figure exactement une fois dans h, car sinon on est dans le Cas I en intervertissant les rôles des membres.

On peut donc poser :

$$(h,h') = (p l_1 r h_1,\ r l'_1 p h'_1)\ ;$$

$$(g,g') = (\ s g_1\ ,\ q\ g'_1\ )\ ;\ s \in X\ .$$

L'indécomposabilité de (f,f') implique celle de son préfixe (h,h') d'où $X_{l_1} \neq X_{l'_1}$. Sans perte de généralité on peut supposer que l_1 contient une lettre t qui n'appartient pas à l'_1, d'où :

$$h = p \hat{l}_1 t \check{l}_1 r h_1\ .$$

α) Supposons que h'_1 ne contienne pas la lettre t. Alors le bimot $pid^{1+|\hat{l}_1|}(f,f')$ contient t à l'initiale. On est ramené au Cas I et la proposition est donc vraie dans ce cas.

β) Si $t \in X_{h'_1}$, alors $h' = r l'_1 p \hat{h}'_1 t \check{h}'_1$, d'où :

$$pid^{1+|\hat{l}_1|}(f,f') = (t \check{l}_1 p \hat{l}_1 r g_1 s,\ r l'_1 p \hat{h}'_1 t \check{h}'_1 q g'_1),$$

avec :

$$|\check{h}'_1| < |h'_1|.$$

La lettre t appartient au préfixe du bimot obtenu, on peut donc itérer la construction précédente. On sera donc ramené au Cas I après un nombre fini de pas.

<u>7.1.7. Lemme</u>. Le bimot (l,l') qui fait l'objet du lemme 7.1.6. est licitement accessible à partir de (f,f').

Preuve.- Toutes les pi-opérations mises en œuvre ont leur pivot dans le préfixe.

7.2. Equations quadratiques au sens large.

7.2.1. Remarque. La définition d'un bimot q.s.l. implique qu'un tel bimot contient au moins un hapax, ce qui exclut – en particulier – les bipermutations.

7.2.2. Lemme. Si (f,f') est q.s.l. et équationnel, alors:

(a) les deux membres de sa base sont pleins ;

(b) si f (resp. f') contient un hapax y, alors il existe une lettre x telle que $1 \leq |f'|_x \leq 2$ et $|f|_x = 0$ (resp. $1 \leq |f|_x \leq 2$ et $|f'|_x = 0$.

Preuve.– (a) La proposition découle immédiatement du lemme 7.1.3., compte tenu de la remarque précédente.
(b) Les lettres u telles que $|f|_u = |f'|_u = 1$ ne figurant pas effectivement dans l'équation aux longueurs, l'hypothèse équationnelle implique le résultat annoncé.

7.2.3. Lemme. Si (f,f') est un bimot q.s.l., équationnel et indécomposable, $\Pi(f,f')$ contient un bimot qui présente un hapax en une position initiale et qui est licitement accessible à partir de (f,f').

Preuve.– En vertu du lemme 7.2.2. les lemmes 7.1.6. et 7.1.7. s'appliquent à un tel bimot (f,f') et $\Pi(f,f')$ contient un bimot (ℓ,ℓ') licitement accessible tel que par exemple:

$$\ell'^{(1)} = r \ , \ |\ell|_r \cdot |\ell'|_r \neq 1 \, .$$

Or, pour un bimot q.s.l. le produit $|\ell|_x \cdot |\ell'|_x$ ne peut prendre que les valeurs 1 ou 0, donc le produit relatif à r est nul, d'où enfin :

$$|\ell|_r = 0 \quad \text{et} \quad 1 \leq |\ell'|_r \leq 2 \, .$$

La proposition étant manifestement vraie pour $1 = |\ell'_r|$, on supposera désormais $|\ell'|_r = 2$.

Si ℓ contient un hapax z :

$$\ell = \ell_1 z \ell_2 \ , \ \ell' = r \ell_1' r \ell_2' ,$$

alors l'opération $\mathrm{pid}^{|\ell_1|}$ est licite et conduit au résultat annoncé ;

sinon, ℓ' contient nécessairement un hapax z et l'on a $\ell' = r a z b$.

(α) Si $|a|_{p=} = 0$, alors l'opération $\mathrm{pig}^{1+|a|}$ est licite et conduit au résultat ;

(β) sinon, soit $\ell = c u d$ où u est la lettre d'ordinal minimal telle que $|\ell|_u = 2$,

alors l'opération $\mathrm{pid}^{|c|}$ est licite et ramène au cas (α).

<u>7.2.4. Lemme.</u> (f, f') étant un bimot q.s.l., équationnel dont un membre présente un hapax en chacune de ses positions extrêmes, Pu (f, f') contient un bimot, licitement accessible à partir de (f, f'), dont un membre présente un hapax à l'initiale et l'autre à l'ultième.

Preuve.- Sans perte de généralité, posons :

$$f' = x f'' y \ ; \ |ff'|_x = |ff'|_y = 1 .$$

Soit h le facteur droit de f tel que $f = g z h$, $z \in X$, avec :

$$X_h \subseteq X_{gz} \text{ et } X_{hz} \not\subseteq X_g .$$

Alors l'opération $\mathrm{pud}^{|h|}$ est licite et fournit le bimot annoncé.

<u>7.2.5. Proposition.</u> Une condition suffisante pour que l'équation (f, f') soit telle que l'on ait :

$$\mathrm{par}(f, f') = -1 + \mathrm{Card}\, X_{ff'} ,$$

est l'un des membres du bimot (f, f') présente un hapax en position initiale et l'autre un hapax en position ultième.

Preuve.- Sans perte de généralité, supposons :

$$f = xg \ , \ f' = g'y \ ; \ x, y \in X \ ; \ |g|_y = |g'|_x = 0 .$$

Soit $V = X \setminus \{x, y\}$; nous définissons un ensemble $\hat{V}$, copie de V et le morphisme canonique $\alpha : V^* \longrightarrow \hat{V}^*$ tel que $\alpha v = \hat{v}$ pour tout $v \in V$.

Soient d'autre part w un symbole distingué et $W = \hat{V} \cup \{w\}$.

On obtient une solution $\varphi : X^* \longrightarrow W^*$ de (f, f') en posant :

$$\text{pour tout } v \in V, \quad \varphi v = \alpha v = \hat{v} \ ;$$

$$\text{et} \quad \begin{cases} \varphi x = \alpha g' w \ ; \\ \varphi y = w \, \alpha g \ . \end{cases}$$

Cette solution est la solution principale associée à la solution θ-libre pour laquelle $|\theta v| = 1$ pour tout $v \in V$, $|\theta x| = 1 + |g'|$, $|\theta y| = 1 + |g|$.

Il est clair que $\quad \text{Card } W = -1 + \text{Card } X_{ff'}$.

<u>7.2.6. Théorème</u>. Pour toute équation (f, f') quadratique au sens large donnée par un bimot équationnel et indécomposable, on a :

$$\text{par}(f, f') = -1 + \text{Card } X_{ff'} \ .$$

Preuve.- Le lemme 7.2.3. admet un dual pour les ultièmes. Par suite, le système engendré par les quatre opérations contient un bimot licitement accessible à partir de (f, f') et qui peut être

(i) soit de la forme $(xg_1 \, , \, g'y)$;

(ii) soit de la forme $(xgy \, , \, g')$ [ou $(g \, , \, xg'y)$] ;

où $x, y \in X$ sont des hapax.

En vertu du lemme 7.2.4., le cas (ii) se ramène au cas (i).

Le théorème découle alors de la proposition 7.2.5. •

7.3. Sommets sans issue.

7.3.1. Définition. L'ensemble

$$\mathcal{Q}_X = \{(f,f') \in X^* \times X^* : (\forall x \in X) \ |ff'|_x = 2\},$$

formé par les bimots strictement quadratiques (s.q.) admet pour partie propre l'ensemble $X^! \times X^!$ des bipermutations. L'ensemble $\mathcal{Q}_X \setminus X^! \times X^!$ est alors formé par les bimots *strictement quadratiques non bipermutationnels* (s.q.n.b.).

Remarque. Si le bimot b est s.q.n.b., tous les bimots de $Pi(b)$ le sont nécessairement, ce qui autorise à parler de *systèmes s.q.n.b.*

7.3.2. Définition. On dira que mot $f \in X^*$ est un *titan* si et seulement s'il est de la forme :

$$f = t\,h\,t\,h' ; \ t \in X ; \ \|h\,t\,h'\| = 1.$$

EXEMPLE : le mot "titan" est un titan.

7.3.3. Lemme. La condition $\|f\| > 1$ (resp. $\|f\| = 1$) implique que l'ensemble des facteurs droits de f contient exactement un (resp. zéro) titan.

Preuve.– Immédiate.

7.3.4. Définition. Le bimot b étant s.q.n.b., on dira que $(f,f') \in Pi(b)$ est un *sommet sans issue gauche dans le Pi-système* si et seulement si

$$f' \text{ est un titan et } |f'|_{f^{(1)}} = 0.$$

Définition duale avec *droite*.

7.3.5. Lemme. Si un bimot s.q.n.b. est équationnel,

chaque membre contient au moins une lettre que ne contient pas l'autre.

Preuve.– L'existence d'une telle lettre dans au moins un membre résulte de l'hypothèse que le bimot n'est pas bipermutationnel; son existence dans l'autre découle de l'hypothèse équationnelle.

<u>7.3.6. Lemme.</u> L'opération pig (resp. pid) est illicite pour un sommet sans issue gauche (resp. droite).

Preuve.– L'équation aux longueurs pour un sommet (f, f') sans issue gauche impose en effet $|\theta f'^{(1)}| \geq |\theta f^{(1)}|$.

<u>7.3.7. Lemme.</u> Si b est un sommet sans issue gauche et sans issue droite – en bref ~~un sommet sans issue~~ – $\partial_i(b)$ est une bipermutation.

Preuve.– Les deux membres d'un sommet sans issue sont des titans:

$$b = (t h t h_1 \,,\, t' h' t' h_1').$$

Après identification de t avec t' et simplification,

$$\partial_i b = (h t h_1 \,,\, h' t h_1')$$

est donc une bipermutation (éventuellement décomposable).

<u>7.3.8. Lemme.</u> Si b est un bimot indécomposable, s.q.n.b. et équationnel, $Pi(b)$ contient un bimot licitement accessible ℓ, dont une initiale x vérifie $|\ell|_x \cdot |\ell'|_x = 0$.

Preuve.– Les deux membres de la base de b ne peuvent pas être vides, car b serait alors une bipermutation, ce qui est exclu par hypothèse.

On peut donc appliquer le lemme 7.1.6. et raisonner comme on l'a fait dans la démonstration de la première partie du lemme 7.2.3..

<u>7.3.9. Lemme.</u> Si b est un bimot indécomposable, s.q.n.b. et équationnel, $Pi(b)$ contient un bimot, licitement accessible à partir de b, et qui est un sommet à une seule issue au plus.

Preuve.– $Pi(b)$ contient un sommet (g, g') tel que, par exemple, $g' = r g'' r g'''$, $r \in X$.

D'autre part, en vertu du lemme 7.3.3., on

a : $g = g_1 g_T$, où g_T est un titan.

L'opération $pid^{|g_1|}$ est licite et donne le sommet sans issue droite :

$$(g_T \,,\, r g g_1'' r g''') .$$

7.3.10. Lemme. Parmi les bimots sans issue droite que contient $Pi(b)$, il en existe au moins un, soit b_0, tel qu'aucun des bimots de la forme $pid^{-\alpha}(b_0)$, $\alpha \in \mathbb{N}^+$, ne soit un sommet sans issue gauche

Preuve.– La proposition est vraie pour Card X = 2. Pour $X = \{x, y\}$, les seuls systèmes s.q.n.b. sont respectivement réduits à (x^2, y^2) et (y^2, x^2).

La proposition s'établit par récurrence sur Card X, en utilisant les systèmes contraints sur une lettre.

7.3.11. Théorème. Si b est un bimot indécomposable, équationnel, strictement pluriquadratique mais non bipermutationnel, $Pi(b)$ contient un sommet sans issue, licitement accessible à partir de b.

Preuve.– Soit b_0 le sommet dont l'existence, les propriétés ainsi que la licite accessibilité sont assurées par les lemmes 7.3.9. et 7.3.10.

Si b_0 est sans issue, la proposition est vraie, sinon on peut sans perte de généralité supposer que b_0 est sans issue droite.

Considérons alors dans $Pi(b)$ la suite de bimots obtenue de la façon suivante :

(1) à zéro est associé b_0 ;

(2) si b_{2i} est de la forme $(g_{2i} \,,\, h_{2i} g'_{2i})$, où

g_{2i} et g'_{2i} sont des titans, alors, si $|h_{2i}| \neq 0$:

$$b_{2i+1} = pig^{|h_{2i}|}(b_{2i}) ;$$

(3) si b_{2i+1} est de la forme $(h_{2i+1} g_{2i+1} \,,\, g'_{2i+1})$, où

g_{2i+1} et g'_{2i+1} sont des titans et si $|h_{2i+1}| \neq 0$, alors :

$$b_{2i+2} = pid^{|h_{2i+1}|}(b_{2i+1}) ;$$

(4) sinon, arrêt sur b_{2i} ou b_{2i+1}, qui est alors un sommet sans issue.

Il est clair que cette construction est licite et détermine à partir de b_0 des sommets de rang impair sans issue gauche et des sommets de rang pair sans issue droite.

Démontrons que la suite s'arrête toujours sur un sommet sans issue et, à cette fin, procédons par réduction à l'absurde.

1. Il est clair que $Pi(b)$ est fini, puisque tous les bimots ont la même longueur totale 2 Card X.

2. Supposons la suite infinie ; alors $Pi(b)$ étant fini, on peut définir le naturel :

$$\lambda = \min\{j : (\exists m \in \mathbb{N})\ b_{j+m} = b_j\}.$$

On ne peut avoir $\lambda > 0$, puisque $b_\lambda = b_{\lambda+m}$ implique $b_{\lambda-1} = b_{\lambda-1+m}$, ce qui est contraire à la minimalité de λ.

On a donc $\lambda = 0$ et $b_0 = b_m$, ce qui nécessite $m = 2m'$.

Mais l'égalité $b_0 = b_m$, pour $m \neq 0$, est impossible en vertu du choix même de b_0 (lemme 7.3.10.).

La proposition est donc établie.

7.4. Systèmes s.q. et Classes d'Isodromie.

7.4.1. Définition. $\mathfrak{S}_M = \mathfrak{S}$ étant le groupe symétrique sur un ensemble M, on dira que θ et φ appartenant à $\mathfrak{S}$ sont *isodromes* si et seulement si leurs décompositions en produit de cycles disjoints sont telles que :

$$\varphi = \prod_{i=1}^{z(\varphi)} \gamma_i \quad \text{et} \quad \theta = \prod_{i=1}^{z(\varphi)} \gamma_i^{\varepsilon_i}, \text{ avec } \varepsilon_i \in \{-1, +1\}.$$

L'*isodromie* est manifestement une relation d'équivalence; Σ étant une classe d'isodromie, on désignera par $z(\Sigma)$ la valeur fixe de $z(\sigma)$ pour $\sigma \in \Sigma$.

D'autre part, on appellera *cercles* les classes d'isodromie des cycles.

7.4.2. Définition. b étant un bimot s.q., on dira qu'il est *s.q.-factorisable* en b_1 et b_2, et l'on écrira

$$b = b_1 \odot b_2$$

si et seulement si l'on a :

$$b = (f_1 f_2, f_1' f_2');\ b_1 = (f_1, f_1') \subset \mathcal{Q}_{X_1};\ b_2 = (f_2, f_2') \subset \mathcal{Q}_{X_2}.$$

Il est clair que ces conditions impliquent :

$$X = X_1 \cup X_2 \ ,\ X_1 \cap X_2 = \emptyset.$$

7.4.3. Lemme. Une condition suffisante (non nécessaire) pour que le bimot s.q. b soit s.q.-factorisable est qu'il soit décomposable.

Preuve.- Si b est décomposable, b est non primaire à gauche ou à droite. Par exemple, si b est non primaire à gauche, on a $b = b_1 \odot b_2$, où b_1 est nécessairement une bipermutation.

La condition n'est pas nécessaire. Par exemple, pour $X = \{a, b, c, d, f\}$, on a :

$$(a^2b^2c^2, d^2f^2) = (a^2b^2, d^2) \circ (c^2, f^2) = (a^2, d^2) \circ (b^2c^2, f^2).$$

Remarque. Si $\mathcal{b}$ est s.g.n.b. et s.q.-factorisable, un facteur au plus peut être une bipermutation.

7.4.4. Définition. Pour $(f, f') \in \mathcal{Q}_X$ (s.q.-factorisable ou non), on introduit dans ${}^+\mathcal{A} \times {}^-\mathcal{A}$ les relations :

$$\mathcal{T} = \left\{ \left({}^+f^{(i)}, {}^-f^{(i+1)} \right) : 1 \leq i \leq |f| - 1 \right\} ;$$

$$\mathcal{T}' = \left\{ \left({}^+f'^{(i)}, {}^-f'^{(i+1)} \right) : 1 \leq i \leq |f'| - 1 \right\} ;$$

$$\tau = \mathcal{T} \cup \mathcal{T}'.$$

7.4.5. Proposition. A tout bimot s.q. et pp-transformable (c.à.dire pi et pu-transformable), on peut associer une classe d'isodromie Σ de $\mathfrak{S}_{+\mathcal{A}}$, classe pi-frontalière du bimot.

Preuve.- Les hypothèses impliquent que chaque élément de ${}^+\mathcal{A}$ et chaque élément de ${}^-\mathcal{A}$ apparaît dans exactement deux couples de τ.

En enchaînant les couples de τ " comme des dominos " on obtient donc une famille de cercles formant une classe d'isodromie de $\mathfrak{S}_{+\mathcal{A}}$ [et, simultanément, on obtient une classe d'isodromie de $\mathfrak{S}_{-\mathcal{A}}$].

Remarque. Dans le cas particulier où $\mathcal{b}$ est une bipermutation, $\sigma = \tau_D \tau_G$ apparaît alors comme un représentant canonique de la classe Σ.

EXEMPLE. Pour $\mathcal{b} = (abcddfc, fbeaegg)$, un représentant de Σ est :

$$({}^+a\,{}^+f\,{}^+b)({}^+d\,{}^+c\,{}^+g\,{}^+e).$$

7.4.6. Extensions relatives à $\Sigma(\mathcal{b})$.

1° Si le bimot $\mathcal{b}$ est de la forme :

$$\mathcal{b} = \mathcal{b}_1 \circ \mathcal{b}_2 \text{, avec } \mathcal{b}_2 = (u, u) \text{, } X_2 = \{u\},$$

l'élément ^+u ne figure pas dans τ. Par définition, la classe $\Sigma(\mathcal{b})$ s'obtient en complétant la classe obtenue sur $\mathfrak{S} + \mathfrak{a}_1$ par le point fixe (^+u).

On a alors $\text{Card}\ {}^+\mathfrak{A} = \text{Card}\ X$.

2° Si le bimot $\mathcal{b}$ est de la forme :

$$\mathcal{b} = \mathcal{b}_1 \circ \mathcal{b}_2 \text{, avec } \mathcal{b}_1 = (p, p) \text{, } X_1 = \{p\},$$

l'élément $-p$ figure dans exactement deux couples de τ et la définition de $\Sigma(\mathcal{b})$ n'appelle pas de changement, mais on a $\text{Card}\ {}^-\mathfrak{A} = \text{Card}\ X$.

Conséquence. $\Sigma(\mathcal{b})$ est donc maintenant définie même si $\mathcal{b}$ admet à gauche ou à droite un bifacteur de la forme (g, g).

7.4.7. Proposition. Si $\mathcal{b}$ est un bimot s.q. et pi-transformable, la classe d'isodromie $\Sigma(\mathcal{b})$, classe pi-frontalière de $\mathcal{b}$, est un invariant de $Pi(\mathcal{b})$.

Preuve.- Soient respectivement τ et $\hat{\tau}$ (Cf. 7.4.4.) les relations relatives à (f, f') et à $(\hat{f}, \hat{f}') = pig\,(f, f')$.

Posons :

$$f = xg \ , \ f' = yzg' \ ; \ x, y, z \in X \ , \ x \neq y .$$

Alors :

$$\hat{f} = x\overline{g} \ , \ \hat{f}' = z\,\overline{g'} \ ,$$

où le surlignage indique que l'occurrence (éventuelle) de x a été remplacée par une occurrence de yx.

La relation τ contient les couples :

$$(+r, -x), (^+y, -z), (^+t, ^-y), (^+v, ^-z), \text{ avec } ^-x = ^-y \text{ dans } {}^-\mathfrak{A} .$$

La relation $\hat{\tau}$ contient :

$$(+r, -y), (^+y, ^-x), (^+t, ^-y), (^+v, ^-z), \text{ avec } -x = -z \text{ dans } {}^-\hat{\mathfrak{A}} .$$

Ainsi, l'enchaînement $[(^+r,^-x),(^-y,^+t)]$ pour $\Sigma(\mathscr{b})$ est remplacé par $[(^+r,^-y),(^-y,^+t)]$, tandis que l'enchaînement $[(^+y,^-z),(^-z,^+v)]$ est remplacé par $[(^+y,^-x),(^-z,^+v)]$.

Même démonstration pour l'opération pid.

7.4.8. Proposition. L'application $\mu:\mathscr{Q}_X \longrightarrow \mathbb{N}$, définie en posant:

$$\mu(\mathscr{b}) = \mathfrak{z}(\Sigma(\mathscr{b})) + \mathrm{Card}\,^-\mathcal{O}_{\mathscr{b}},$$

possède la propriété:

$$\mu(\mathscr{b}_1 \odot \mathscr{b}_2) = \mu(\mathscr{b}_1) + \mu(\mathscr{b}_2).$$

Preuve.- Posons $\mathrm{Card}\,X = k$; $\mathrm{Card}\,X_i = k_i$; $i = 1,2$. D'autre part, désignons $^+\mathcal{O}(\mathscr{b}_1)$ par $^+\mathcal{O}_1$, $\Sigma(\mathscr{b}_1)$ par Σ_1 etc..

I. Supposons distinctes les initiales de $\mathscr{b}_2$.

Alors:

$$\mathscr{b}_1 = (f_1 x, f_1' r);\ \mathscr{b}_2 = (y f_2, s f_2');\ x,r,y,s \in X;\ y \neq s.$$

Dans $\mathcal{T}$, les couples $(^+x,^-y)$ et $(^+r,^-s)$ sont les seuls qui ressortissent à $X_1 \times X_2$, donc $+x$ et $+r$ appartiennent à un même cercle de $\Sigma(\mathscr{b}) = \Sigma$, soit $\mathcal{K}$.

Ceux des éléments de $\mathcal{K}$ qui ressortissent à X_1 (resp. X_2) forment un cercle $\mathcal{K}_1$ de Σ_1 (resp. $\mathcal{K}_2$ de Σ_2).

On a donc:

$$\mathrm{Card}\,^-\mathcal{O}_1 = \mathrm{Card}\,^-\mathcal{O} - k_2,$$

$$\mathrm{Card}\,^-\mathcal{O}_2 = k_2 - 1,$$

$$\mathfrak{z}(\Sigma_1) + \mathfrak{z}(\Sigma_2) = 1 + \mathfrak{z}(\Sigma),$$

d'où:

$$\mu(\mathscr{b}_1) + \mu(\mathscr{b}_2) = \mathrm{Card}\,^-\mathcal{O}_1 + \mathrm{Card}\,^-\mathcal{O}_2 + \mathfrak{z}(\Sigma_1) + \mathfrak{z}(\Sigma_2) =$$

$$\mathrm{Card}\,^-\mathcal{O} + \mathfrak{z}(\Sigma) = \mu(\mathscr{b}_1 \odot \mathscr{b}_2).$$

II. Supposons non distinctes les initiales de $\mathscr{b}_2$.

Alors:

$$\mathscr{b}_1 = (f_1 x, f_1' r);\ \mathscr{b}_2 = (y f_2, y f_2').$$

La relation $\tau(b_1 \circ b_2) = \tau(b)$ contenant les couples $(^+x, ^-y)$ et $(^+r, ^-y)$, il s'en suit que les éléments ^+x et ^+r appartiennent à un même cercle de Σ. Mais dans $^+\mathcal{O}_1$ on a $^+x = ^+r$. Il en résulte que :

$$z(\Sigma) = z(\Sigma_1) + z(\Sigma_2).$$

D'autre part :

$$\mathrm{Card}^-\mathcal{O}_1 = \mathrm{Card}^-\mathcal{O} - k_2 ,$$

et

$$\mathrm{Card}^-\mathcal{O}_2 = k_2 ,$$

ce qui entraîne le résultat annoncé.

7.4.9. Lemme. Si (f, f') est un sommet sans issue dans un pi-système s.q.n.b., les éléments $^+f^{(1)}$ et $^+f'^{(1)}$ appartiennent à un même cercle de Σ.

Preuve.- On a par hypothèse :

$$f = p\,a\,p\,b \;,\; f' = r\,a'\,r\,b' ; \quad p, r \in X ; \; p \neq r ;$$

avec :

$$X_{ab} = X_{a'b'} = Y = X \setminus \{p, r\} ,$$

et

$$\|ab\| = \|a'b'\| = 1 .$$

Les relations $\mathcal{T}$ et $\mathcal{T}'$ étant celles définies en 7.4.4., on voit que chaque élément de $^-\mathcal{O}$ qui ressortit à Y figure exactement une fois dans $\mathcal{T}$ et exactement une fois dans $\mathcal{T}'$.

Tant que ni ^+p ni ^+r ne sont en jeu, un enchaînement de Σ utilise un couple de $\mathcal{T}$ et un couple de $\mathcal{T}'$, par contre les deux couples qui contiennent ^+p (resp. ^+r) appartiennent à $\mathcal{T}$ (resp. $\mathcal{T}'$).

Donc, partant de ^+p sur un cercle de Σ il est nécessaire pour revenir à ^+p d'avoir un enchaînement sans alternance $\mathcal{T}/\mathcal{T}'$, donc de passer par ^+r.

7.4.10. Lemme. Si b est un bimot s.q. et indécomposable, $\hat{b}$ désignant $\partial_i b$, on a :

$$\mu(\hat{b}) \leq \mu(b).$$

Preuve.- Soit $b = (p\,u\,f,\; r\,v\,f') ;\; p, u, r, v \in X$.

L'indécomposabilité implique $p \neq r$.
On a d'autre part: $\hat{b} = (\bar{u}\bar{f}, \bar{v}\bar{f}')$,

où le surlignage indique que toute occurrence de r a été remplacée par une occurrence de p.

Dans l'hypothèse $u \neq v$, pour avoir $\bar{u} = \bar{v}$, il faut supposer:

soit $u = r$ et $v = p$: mais cela n'est pas possible à cause de l'indécomposabilité;

soit $u = p$ et $v = r$.

D'où la discussion.

1. $u = v$; $b = (puf, ruf')$; $\hat{b} = (u\bar{f}, u\bar{f}')$.

Dans ce cas $\text{Card}^{-}\hat{\mathcal{A}} = \text{Card}^{-}\mathcal{A}$ et $z(\Sigma) = z(\hat{\Sigma})$.

2. $u \neq v$

2.1. $u = p$ et $v = r$; $b = (p^2 f, r^2 f')$; $\hat{b} = (pf, pf')$

On a encore $\text{Card}^{-}\hat{\mathcal{A}} = \text{Card}^{-}\mathcal{A}$ et $z(\Sigma) = z(\hat{\Sigma})$.

2.2. $u \neq p$ ou $v \neq r$; $b = (puf, rvf')$; $\hat{b} = (\bar{u}\bar{f}, \bar{v}\bar{f}')$.

$\bar{u} \neq \bar{v}$ implique $\text{Card}^{-}\hat{\mathcal{A}} = -1 + \text{Card}^{-}\mathcal{A}$.

D'autre part, on a $z(\hat{\Sigma}) = \varepsilon + z(\Sigma)$, avec:

$\varepsilon = +1$, si $-u$ et $-v$ sont utilisés dans deux enchaînements relatifs à un même cercle de la classe Σ ;

$\varepsilon = -1$, si les enchaînements sont relatifs à deux cercles différents.

Dans tous les cas on a bien:

$$\text{Card}^{-}\hat{\mathcal{A}} + z(\hat{\Sigma}) \leq \text{Card}^{-}\mathcal{A} + z(\Sigma).$$

7.5. Expression de par (f, f') dans le cas strictement quadratique.

7.5.1. Cas d'une bipermutation indécomposable.

En vertu du théorème 6.8.7., si b est une bipermutation indécomposable, on a:

(1) $$\mathrm{par}(b) = \frac{1}{2}\left(z(\sigma) - 1 + \mathrm{Card}\, X\right).$$

Pour Card $X \geq 2$, la formule (1) équivaut à :

(2) $$\mathrm{par}(b) = \frac{1}{2}\left(z(\sigma) + \mathrm{Card}^{-}\mathcal{O}\right).$$

On notera que la formule (2) conserve une signification et reste vraie pour Card $X = 1$, c'est à dire pour:

$$b = (x, x) \;;\quad X = \{x\};$$

une bipermutation que l'on est en droit, pour de bonnes raisons, de considérer comme *non décomposable*.

7.5.2. Proposition. La formule (2) ci-dessus reste valable pour les bipermutations décomposables. En d'autres termes, elle est vraie pour toutes les bipermutations.

Preuve.- Faisons une récurrence sur Card $X = k$.
La proposition est vraie pour $k = 1$. Supposons la vraie pour $k \leq n-1$. Soit alors, pour Card $X = n$, $b \in X^! \times X^!$.
Il suffit d'étudier le cas où b est décomposable. On a alors:

$$b = b_1 \odot b_2$$

et, manifestement, $\mathrm{par}(b) = \mathrm{par}(b_1) + \mathrm{par}(b_2)$.
La proposition découle donc immédiatement de l'hypothèse

de récurrence et de la proposition 7.4.8. ·
Rappelons à ce sujet que nous avons posé :

$$\mu(\mathcal{b}) = z(\Sigma) + \mathrm{Card}^{-}\mathfrak{A}.$$

7.5.3. Lemme. Si $\mathcal{b}$ est un sommet sans issue dans un pi-système s.q., on a :

$$\mathrm{par}(\mathcal{b}) = \left[\frac{\mu(\mathcal{b})}{2}\right],$$

où les crochets désignent la partie entière.

Preuve. – 1° σ étant une bipermutation, nous définissons l'entier naturel :

$$\eta(\sigma) = \mathrm{Card}\, X_{\sigma} - \mathrm{Card}^{-}\mathfrak{A}_{\sigma}.$$

En d'autres termes, cet entier est égal à un (resp. zéro) si les initiales de σ sont distinctes (resp. identiques).

2° Considérons la bipermutation (Cf. lemme 7.3.7.)

$$\hat{\mathcal{b}} = \partial_i \mathcal{b},$$

il est clair que :

$$\mathrm{par}(\mathcal{b}) = \mathrm{par}(\hat{\mathcal{b}}).$$

D'autre part, en vertu du lemme 7.4.9. on a :

$$z(\Sigma(\mathcal{b})) = z(\sigma(\hat{\mathcal{b}})).$$

Par suite :

$$\begin{aligned}\mathrm{par}(\mathcal{b}) &= \tfrac{1}{2}\left(z(\sigma(\hat{\mathcal{b}})) + \mathrm{Card}^{-}\mathfrak{A}_{\hat{\mathcal{b}}}\right)\\ &= \tfrac{1}{2}\left(z(\Sigma(\mathcal{b})) + \mathrm{Card}^{-}\mathfrak{A}_{\mathcal{b}} - \eta(\hat{\mathcal{b}})\right)\\ &= \left[\frac{\mu(\mathcal{b})}{2}\right]\end{aligned}$$

7.5.4. Théorème. Si $\mathcal{b}$ est un bimot équationnel, strictement quadratique et indécomposable, on a :

$$\mathrm{par}(\mathcal{b}) = \left[\frac{\mu(\mathcal{b})}{2}\right]$$

Preuve.- En vertu du théorème 7.3.11., il existe dans $Pi(b)$ un sommet sans issue auquel s'applique le lemme précédent, d'où il résulte :

$$par(b) \geqslant \left[\frac{\mu(b)}{2}\right] .$$

Démontrons maintenant que l'on a :

$$par(b) \leqslant \left[\frac{\mu(b)}{2}\right] .$$

La proposition est vraie pour $k = \text{Card}\, X = 2$, cas où le seul bimot à considérer est de la forme (x^2, y^2).

Supposons la vraie pour $k \leqslant n-1$.

Une solution de l'équation associée à b provient par enroulement de la solution sortante par les initiales d'une certaine équation $(g, g') \in Pi(b)$ licitement accessible.

Posons $\partial_i(g, g') = \hat{b}$.

Utilisant la remarque faite en 7.4.3., on voit que l'on a :

$$\hat{b} = \hat{b}_1 \odot \hat{b}_2 ,$$

où l'un des facteurs est une bipermutation (éventuellement vide) et l'autre un bimot équationnel, s.g. et indécomposable. Et l'on a :

$$par(\hat{b}) = par(\hat{b}_1) + par(\hat{b}_2) .$$

En utilisant l'hypothèse de récurrence pour le facteur non bipermutationnel et la proposition 7.5.2. pour l'autre, on obtient :

$$par(\hat{b}_1) \leqslant \left[\frac{\mu(\hat{b}_1)}{2}\right] \quad \text{et} \quad par(\hat{b}_2) \leqslant \left[\frac{\mu(\hat{b}_2)}{2}\right] ;$$

d'où

$$par(\hat{b}) \leqslant \left[\frac{\mu(\hat{b}_1) + \mu(\hat{b}_2)}{2}\right] ;$$

donc, en vertu de la proposition 7.4.8. :

$$par(\hat{b}) \leqslant \left[\frac{\mu(\hat{b})}{2}\right] .$$

D'autre part, en appliquant le lemme 7.4.10. (et la propriété d'invariance de μ dans le pi-système) on a :

$$\mu(\hat{\mathcal{B}}) \leqslant \mu(\mathcal{B}) ,$$

ce qui achève la démonstration.

<u>7.5.5. Corollaire.</u> Pour tout bimot équationnel et strictement quadratique, on a :

$$\mathrm{par}(\mathcal{B}) = \left[\frac{\mathcal{Z}(\Sigma) + \mathrm{Card}^{-}\mathfrak{A}}{2} \right]$$

Preuve.- Cette extension aux bimots s.q. factorisables découle immédiatement du théorème précédent, compte tenu de la remarque 7.4.3. et de la proposition 7.4.8.

Note A.

pp-sbm et bipermutations spéciales.

A.1. <u>Remarques préliminaires</u>. Pour les premières valeurs de Card $X = k$ on a, aux isomorphismes près, les résultats suivants.

$k=2$. Un seul pp-sbm, réduit à une bipermutation unique, de type spécial $\langle 21 \rangle$.

$k=3$. Un seul pp-sbm, contenant les seuls types de (RC_3), ou (TR_3), donc le type spécial $\langle 321 \rangle$.

$k=4$. Deux pp-sbm. L'un contient les seuls types de (RC_4), donc le type spécial $\langle 4321 \rangle$; l'autre les seuls types de (TR_4), donc le type spécial $\langle 4\ 2\ 3\ 1 \rangle$.

$k=5$. Trois pp-sbm. L'un sur les types de (RC_5), donc contenant $\langle 54321 \rangle$. Un autre sur les types de (TR_5), donc contenant $\langle 5\ 2\ 3\ 4\ 1 \rangle$. Enfin un troisième est formé avec les types des deux pi-systèmes engendrés par les deux spéciales qui ont respectivement pour types $\langle 5\ 3\ 2\ 4\ 1 \rangle$ et $\langle 5\ 2\ 4\ 3\ 1 \rangle$.

On voit d'ailleurs facilement que si l'on part du type :

$$5\ 3\ 2\ 4\ 1 \ ,$$

on a par des pig :

$$4\ 5\ 3\ 2\ 1 \ ,$$

puis par des pud :

$$5\ 2\ 4\ 3\ 1 \ .$$

$k=6$. Cinq pp-sbm.

Un, sur les seuls types de (RC_6), contient $\langle 654321 \rangle$.
Un sur les seuls types du pi-système de $\langle 6\ 3\ 2\ 5\ 4\ 1 \rangle$.

Un sur les seuls types des pi-systèmes de <6 432 5 1> et de <6 2 543 1>.

Un sur les seuls types des pi-systèmes de <6 2 43 5 1> et de <6 2 3 54 1>.

Un, sur les seuls types de (TR_6), contient <6 2 3 4 5 1>.

La question se pose donc de savoir si tout pp-sbm contient au moins une bipermutation spéciale. On va montrer qu'il en est ainsi.

Il suffit manifestement de se limiter aux pp-sbm non réductibles.

A.2. <u>Définitions.</u> Soit $\mathscr{b} = (f, f') \in X^* \times X^*$. On dira que $h \in X^*$ est un *segment dextre* (resp. *senestre*) de $\mathscr{b}$ si et seulement si h est un facteur du membre droit f' (resp. gauche f) de $\mathscr{b}$.

$\mathscr{b}$ étant une bipermutation et h un segment dextre de $\mathscr{b}$, on dira que $\mathscr{b}$ engendre un pp-sbm *semi-contraint dextre sur* h pour exprimer que :

les opérations pig, pid, pug, pud sont interdites pour tout $x \in X_h$;
à l'exception de
pid, permise pour $h^{(1)}$;
pud, permise pour $h^{(|h|)}$
si $|h| \geqslant 2$.

A.3. <u>Définitions.</u> On dira que la bipermutation $\mathscr{b}$ est *quasi-spéciale quant à la lettre* r si et seulement si la bipermutation $\overline{\mathscr{b}}$ qui procède de $\mathscr{b}$ par contrainte sur r est spéciale dans le système porté.

EXEMPLE : $\mathscr{b} = \begin{matrix} 9 & 42 & 87 & 3 & 65 & 1 \\ h & cb & gf & r & ed & a \end{matrix}$,

$\overline{\mathscr{b}} = \begin{matrix} 8 & 32 & 76 & 54 & 1 \\ h & cb & gf & ed & a \end{matrix}$.

Du fait de la présence de r à une certaine place, les tranches de la spéciale $\bar{b}$, telles qu'elles se présentent en son membre droit, déterminent dans b des segments dextres particuliers, qui sont des tranches ou des sous-tranches. Réciproquement, celles-ci articulent $\bar{b}$ en tranches et sous-tranches.

Dans l'exemple précédent, les sous-tranches sont, dans b :

$$\begin{matrix}42 \\ cb\end{matrix} ; \begin{matrix}87 \\ gf\end{matrix} ; \begin{matrix}65 \\ ed\end{matrix} ;$$

dans $\bar{b}$:

$$\begin{matrix}32 \\ cb\end{matrix} ; \begin{matrix}76 \\ gf\end{matrix} ; \begin{matrix}54 \\ ed\end{matrix} .$$

Remarque. Si b n'est pas réductible, $\bar{b}$ l'est au plus une fois – d'une manière immédiate ou médiate.

Il nous suffira donc de considérer pour b des types qui présentent au plus une réductibilité, types que nous dirons *non fortement réductibles*.

A.4. Lemme. Pour $k > 6$, toute quasi-spéciale non fortement réductible admet au moins une tranche ou sous-tranche de longueur deux.

Du fait que le type de la quasi-spéciale est non fortement réductible, il peut y avoir au plus

- pour $k = 7$, une tranche de longueur un ;
- •• pour $k > 7$, deux tranches de longueur un.

Les autres lettres étant à disposer en tranches de deux lettres, l'une au moins de ces tranches donnera une sous-tranche de longueur deux.

A.5. Lemme. Pour $k = 6$, pour toute quasi-spéciale b et pour toute tranche de b (ou $\bar{b}$), il existe dans le pp – sbm semi-contraint dextre sur cette tranche ou sous-tranche une spéciale b_0.

Preuve. – Il suffit de considérer, comme types sous-jacents aux quasi-spéciales, les types spéciaux non fortement réductibles. Ce sont :

$$\langle 5\,4\,3\,2\,1 \rangle, \langle 5\,3\,2\,4\,1 \rangle, \langle 5\,2\,4\,3\,1 \rangle .$$

A partir de ces types, on forme tous les types quasi-spéciaux non réductibles, avec leur articulation en tranches (celles-ci soulignées), et pour chacun d'eux on vérifie la proposition par un calcul direct.

En vertu de la dualité (f, f'), $(\tilde{f}, \tilde{f}')$, il suffit de mettre r aux places 1, 2 et 3.

I. 54321.

Cas	Sous-jacente marquée						Quasi-spéciale						Observation.
a	[2]	5	4	3	2	1	2	6	5	4	3	1	évident
b	[4]	5	4	3	2	1	4	6	5	3	2	1	I.b
c	[6]	5	4	3	2	1	6	5	4	3	2	1	spécial
d	5	[1]	4	3	2	1	6	1	5	4	3	2	évident
e	5	[3]	4	3	2	1	6	3	5	4	2	1	I.e
f	5	[5]	4	3	2	1	6	5	4	3	2	1	spécial
g	5	4	[2]	3	2	1	6	5	2	4	3	1	I.g
h	5	4	[4]	3	2	1	6	5	4	3	2	1	spécial
i	5	4	[6]	3	2	1	5	4	6	3	2	1	évident

II. 5 32 4 1.

Cas	Sous-jacente marquée						Quasi-spéciale						Observation.
a	[2]	5	3	2	4	1	2	6	4	3	5	1	II.a
b	[3]	5	3	2	4	1	3	6	4	2	5	1	II.b
c	[4]	5	3	2	4	1	4	6	3	2	5	1	évident
d	[6]	5	3	2	4	1	6	5	3	2	4	1	II.d
e	5	[1]	3	2	4	1	6	1	4	3	5	2	II.e
f	5	[5]	3	2	4	1	6	5	3	2	4	1	II.f : II.d
g	5	3	[1]	2	4	1	6	4	1	3	5	2	II.g
h	5	3	[5]	2	4	1	6	3	5	2	4	1	II.h
i	5	3	[6]	2	4	1	5	3	6	2	4	1	II.i

III. 5 2 43 1.

Cas	Sous-jacente marquée						Quasi-spéciale						Observation.
a	[2]	5	2	4	3	1	2	6	3	5	4	1	III.a
b	[3]	5	2	4	3	1	3	6	2	5	4	1	III.b : réduct.

c	[6]	5	2	4	3	1	6	5	2	4	3	1	III.c
d	5	[1]	2	4	3	1	6	1	3	5	4	2	III.d
e	5	[3]	2	4	3	1	6	3	2	5	4	1	spéciale
f	5	[4]	2	4	3	1	6	4	2	5	3	1	III.f
g	5	[5]	2	4	3	1	6	5	2	4	3	1	III.g : III.c
h	5	2	[1]	4	3	1	6	3	1	5	4	2	III.h : réduc.
i	5	2	[2]	4	3	1	6	3	2	5	4	1	spéciale
j	5	2	[6]	4	3	1	5	2	6	4	3	1	III.j

Justification. Les calculs sont faits pas à pas, il a donc paru inutile d'indiquer la pi ou pu-opération mise en jeu.

I.b
4 65 32 1
5 26 43 1
6 32 54 1

I.e
6 3 54 2 1
6 54 2 1 3
6 43 1 5 2
6 32 5 4 1

I.g
6 5 2 43 1
2 43 65 1
6 32 54 1

II.a
2 6 43 5 1
5 26 43 1
6 32 54 1
avec 43,

puis :
2 6 43 5 1
3 5 2 6 4 1
2 4 6 5 3 1
4 65 32 1
5 26 43 1
6 54 32 1

II.b
3 6 42 5 1
42 53 6 1
43 51 6 2
54 61 32
54 6 32 1
6 32 54 1

II.d

```
6 5  32  4  1
6 1  43  5  2
3 1  54  6  2
3 2  54  6  1
6  32  54   1
```

II.e

```
6 1  43  5  2
6 5  32  4  1   :
```

c'est le cas précédent.

II.g

```
6 4  1  3  5 2
```

sur 3 et 5 :

```
6 4   1  3  5 2
4 6   1  3  5 2
4 6   3  2  5 1
6  3 2  5 4   1
```

sur 4 :

```
6 4  1  3  5  2
5 3  1  6  4  2
5 4  2  6  1  3
6  5 4  2  1  3
6  4 3  1  5  2
6  3 2  5  4  1
```

II.h, II.i : analogues à II.g.

III.a

```
2  6 3  54    1
3  54  2  6   1
2  43  6  5   1
6  32  5  4   1
```

III.c : Cf I.g

III.d :

```
6  1 3 54    2
6  5 2 43    1   :
```

III.c.

III.f :

```
6  4 2   53   1
53  6  4  2   1
54  6  1  3   2
54  6   3  2  1
6   3 2   54  1
```

III.j

```
5  2   6  43  1
6  3   2  54  1
```

q.e.d.

A6. <u>Théorème.</u> Tout pp-sbm contient au moins une bipermutation spéciale.

Preuve.- Démontrons la proposition plus forte « tout pp-sbm contient au moins une bipermutation spéciale de plus, pour toute quasi-spéciale b et pour toute sous-tranche de b, il existe une spéciale b_0 dans le pp-sbm semi-contraint dextre sur la dite sous-tranche.

On procède par récurrence sur Card $X = k$ pour $k \geq 6$, le lemme A.5. garantissant la propriété pour $k = 6$.

Supposons la propriété vraie pour $k \leq n$ et soient Card $X = n+1$, $r \in X$, et $\mathbb{P}$ un pp-sbm sur X. D'après l'hypothèse de récurrence tout pp-sbm $\overline{\mathbb{P}}$ <u>contraint</u> sur r porté par $\mathbb{P}$ contient une ~~quasi~~ spéciale $\bar{b}$, qui donne dans $\mathbb{P}$ une quasi-spéciale quant à r, soit b.

En vertu du lemme A.4., b contient au moins une tranche de deux rangs. Par contraction de la tranche, on obtient une quasi-spéciale quant à r, soit b'.

L'hypothèse de récurrence s'applique et dans le système semi-contraint sur la tranche contractée conduit à une spéciale b'_0, qui par décontraction donne une spéciale b_0.

A7. <u>Conséquence</u>. D'une manière informelle, mais qu'on trouvera peut-être expressive, on peut dire que :

> résoudre une équation bipermutationnelle indécomposable revient toujours à résoudre quelque équation de la forme :
>
> $$a f_1 f_2 \cdots f_\lambda q = q \tilde{f}_1 \tilde{f}_2 \cdots \tilde{f}_\lambda a ,$$

sur $X = \{a, q\} \cup X_1 \cup X_2 \cdots \cup X_\lambda$; les X_i disjoints et $f_i \in X_i!$.

EXERCICES

& Compléments.

Signes conventionnels.

A: Exercices simples pour la mise en œuvre immédiate de notions exposées dans le texte.

B: Compléments au texte, présentés sous la forme de problèmes.

C: Thèmes de recherche, questions ouvertes.

Les questions sont classées d'après la section à laquelle elles se rapportent plus particulièrement.

1

A.1. Démontrer que l'on a toujours $\|fg\| \geq \|f\| + \|g\|$ (ce qui justifie – ou du moins explique) la notation adoptée).

A.2. On désigne par $\tilde{f}$ l'image "en miroir" de $f \in X^*$ (par exemple si f = ROMA, $\tilde{f}$ = AMOR).
Les associés d'un bimot (f, f') sont:

(1) son inversé (f', f);

(2) son retourné $(\tilde{f}', \tilde{f})$;

(3) son retourné inversé $(\tilde{f}, \tilde{f}')$.

Interprétation "physique"? Signification équationnelle? Groupe de transformations associé?
(Bien qu'on les puisse considérer comme "sémantique–

ment équivalents", il vaut mieux – la suite le montrera – distinguer soigneusement les quatre bimots.)

A.3. Vérifier que les formules données dans l'exemple 1.2.2. fournissent une solution de $(a^2, b^2c^2d^2)$.

A.4. Justifier l'affirmation du texte (1.2.4.) quant à la réponse formelle que l'on peut apporter au problème de l'existence de W et de $\Psi(f, f'; W^*)$.

Etendre ces considérations au cas d'un système d'équations.

A.5. Soit $X = \{a, b, c, d, f, g\}$ et le bimot :

$$(abacada, dfagb).$$

Pour la solution $\theta \in \Phi(t^*)$ caractérisée par le vecteur "longueur":

$$(7, 9, 10, 4, 21, 10),$$

construire la solution θ-libre. Faire ensuite l'étude de $Cons_\theta$ et celle de la solution principale $\hat{\theta}$ dont procède la solution θ-libre.

A.6. Faire la construction de la solution θ-libre, et de la solution principale $\hat{\theta}$ dont elle procède, pour les équations :

$$(ab, ba),$$
$$(abc, cba),$$

en se donnant diverses solutions θ en longueurs pures.

B.7. Etudier les multigraphes $\mathbb{P}_\theta$ pour les équations (a^m, b^n).

B.8. Donner des exemples où le multigraphe $\mathbb{P}_\theta$ n'est pas planaire.

A.9. Démontrer que pour $a, b, c \in Y^*$:

$$a^2 = b^2c^2 \text{ implique } a = bc = cb.$$

Qu'en résulte-t-il pour l'équation (a^2, b^2c^2) ?

A.10. Soit $X = \{a, b, c, d, e, f\}$ et soit $W = \{u, v, w\}$. Pour l'équation :

$$(abcdef, fedcba),$$

la solution $\varphi \in \Phi(W^*)$ telle que :

$$\varphi a = \varphi f = u \; ; \; \varphi b = \varphi d = vw \; ; \; \varphi c = \varphi e = wv \; ;$$

présente tout élément de W et en initiale et en ultième. Cependant, φ n'est pas principale.

Pourquoi ?

B.11. Démontrer qu'une condition suffisante pour que $\text{par}(f, f') = -1 + \text{Card}\, X_{ff'}$ est que l'on ait :

$$f = xgy \, , \; f' = g'zg'' \; ; \quad x, y, z \in X \; ;$$

avec : $|gg'g''|_x = |gg'g''|_y = |gg'g''|_z = 0$.

B.12. Enoncé analogue au précédent, et la condition :

$$f = xg \; , \; f' = g'y \; ; \quad x, y \in X \; ;$$

avec $|gg'|_x = |gg'|_y = 0$.

B.13. Etendre la théorie des consécutions et des solutions principales aux systèmes d'équations :

$$(f_1, f'_1), \dots, (f_\ell, f'_\ell), \dots, (f_T, f'_T)$$

2

A.1. Pour $X = \{a, b, c\}$, l'équation (a^3, b^2cbc^2) et la longueur $\theta = (12, 7, 5)$, construire $\mathbb{P}_\theta$.
En expliquer les particularités.

A.2. Déterminer toutes les sesquipuissances qui donnent lieu à une identité du type 2.3.2.(2) avec :

$$\mathrm{Sesq}[u, v; 13] = (uv)^{13}u.$$

B.3. Soient $X = \{a, b, c\}$, $(f, f') = (a^2, b^2c^3)$ et la solution $\theta \in \Phi(t^*)$ donnée par le vecteur $(21, 15, 4)$.
Représenter $\mathbb{P}_\theta$ et en étudier tous les automorphismes de graphe valué (tenir compte de 2.4.1.).

B.4. Résoudre l'équation (a^2b, bc^2). Généraliser.

B.5. Etude des équations $(a^m, (bc)^n b)$.

C.6. Pour $\hat{\theta}$ principale et par $(f, f') > 2$, est-il possible que $\mathbb{P}_{\hat{\theta}}$ présente deux composantes isomorphes (évidemment sans contiguïté) ?

A.7. Représenter $\mathbb{P}_\theta$ pour le système :

$$\begin{cases} (abe, cbd), \\ (efa, cdf), \end{cases}$$

en se donnant diverses longueurs θ.

B.8. <u>Résolution de l'équation à retournement complet.</u>

Par équation à retournement complet d'ordre k on désignera l'équation :

$$(x_1 x_2 \cdots x_i x_{i+1} \cdots x_k, x_k \cdots x_{i+1} x_i \cdots x_2 x_1).$$

La méthode indiquée ci-après, sur le cas particulier de l'équation $(abcd, dcba)$ utilise des "résolvantes" de la forme (AB,BC). Posons $a = a_0$ et c. et, φ étant une solution, abrégeons $|\varphi x|$ en $|x|$.

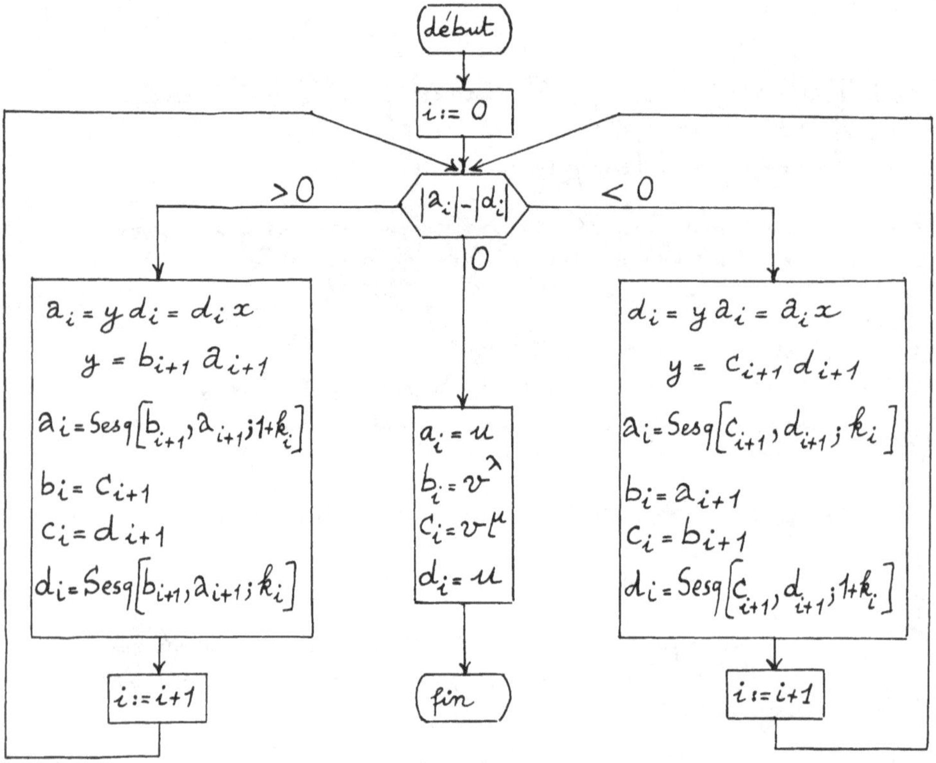

Généraliser à k quelconque (étudier d'abord $k=3$).

Démontrer a priori que si φ est une solution principale, on a $\varphi x = \widetilde{\varphi x}$ pour tout $x \in X$. Vérifier par le calcul qu'il en va bien ainsi pour les solutions trouvées.

Démontrer que $\text{par}(f, f') = \left[\frac{k+1}{2}\right]$.

Pour $k=3$, les expressions des solutions en fonction des paramètres principaux peuvent être engendrées par une grammaire context-free. Cette propriété s'étend-elle à k quelconque ?

B.9. Equation (abc, cbf) et généralisation.

Pour résoudre l'équation à retournement complet modifiée une fois on procèdera comme pour l'équation à retournement complet en introduisant une "résolvante".

Le test porte sur $|a_i| - |c_i|$.

Pour $|a_i| > |c_i|$, on sort par une solution à trois paramètres principaux.

Pour $|a_i| = |c_i|$, on sort par une solution à deux paramètres principaux.

Pour $|a_i| < |c_i|$, on passe par une résolvante $(y b_i, b_i x)$ et on boucle.

Comment "s'expliquer" les solutions à deux paramètres principaux ? Se convaincre du fait qu'elles ne correspondent nullement à quelque "dégénérescence" des solutions à trois paramètres.

Trouver a priori les propriétés que doivent posséder les solutions vis-à-vis de l'opération miroir et vérifier par le calcul que les solutions obtenues les possèdent effectivement.

Généraliser à l'équation :

$$(y\, x_1 x_2 \ldots x_{k-1} x_k \,,\, x_k x_{k-1} \ldots x_2 x_1 z).$$

C.10. Soit l'équation $(a^m, b^n c^p d^q)$. Caractériser les quadruplets (m, n, p, q) pour lesquels on n'a que des solutions à un paramètre principal.

[On pourra consulter Lentin [10], travail antérieur à la théorie générale, où cette question est partiellement traitée.]

Remarques sur la Section 2.

Certains des résultats élémentaires exposés dans la Section 2 ont été trouvés (parfois indépendamment et presque simultanément) par divers auteurs, préoccupés de demi-groupes ou d'équations dans les groupes libres.

On pourra consulter (cette liste ne prétend pas être complète) : LIAPIN [16], SCHÜTZENBERGER [19], LYNDON & SCHÜTZENBERGER [15], FINE & WIFF [2]

Pour quelques réflexions d'ordre historique et épistémo-logique, voir LENTIN [12].

3

A.1. Construire les pi-systèmes suivants :

(ea^2c, cb^2e) ; (ea^2e, cb^2c) ; $(ecae, ab^2c)$.

A.2. Pi-système et résolution de (abc, cda).
Résoudre aussi à l'aide d'une résolvante et comparer.

A.3. Pi-système et résolution de l'équation à retournement complet $(abcd, dcba)$.
S'intéresser aussi à la résolution des autres équations qui figurent dans le pi-système.

A.4. Résolution de (abc, cbf) à l'aide du pi-système. Comparer avec les résultats obtenus par la méthode de la résolvante.

A.5. Hiérarchie des pi-systèmes pour $(abcd, dcbf)$.

A.6. Une condition nécessaire et suffisante pour qu'une équation (f, f') sur l'ensemble $X = \{a, b, c\}$ admette des solutions à deux paramètres principaux est que le pi-système de (f, f') contienne une équation (g, g') admettant une solution φ de la forme (à une permutation près des lettres) $\varphi a = \varphi b = u$, $\varphi c = v$.

B.7. [D'après Dominique MALLET, Mémoire de D.E.A.] Utiliser l'exercice précédent pour caractériser toutes les équations $(f, f') \in X^* \times X^*$, $X = \{a, b, c\}$, qui admettent des solutions à deux paramètres principaux.

B.8. <u>Finitude des pi-systèmes.</u> [D'après J.-M. AUTEBERT et Joffroy BEAUQUIER, Mémoire de D.E.A.]

On étudie la finitude et l'infinitude des pi-systèmes indépendamment de toute interprétation équationnelle.

On introduit les définitions et notations suivantes relatives aux lettres $x, y, z, \dots \in X$ et aux bimots $(f, f') \in X^* \times X^*$ (définitions qui pourront servir dans les preuves, même si elles ne sont pas utilisées dans les énoncés).

1° On dira que le naturel $|f|_x \cdot |f'|_x$ est la *hauteur de x* dans (f, f').

2° Les occurrences des lettres de hauteur supérieure à 0 (resp. 1) forment un sous-bimot que l'on appellera le *socle*, $\mathrm{Soc}(f, f')$ [resp. le *noyau*, $\mathrm{Ker}(f, f')$] de (f, f').

EXEMPLES. (xyz, tu) n'a pas de socle.

$(xtyz, zvxyu)$ a pour socle (xyz, zyx) mais pas de noyau : son socle est bipermutationnel.

(xy^2z, z^2ty^2x) a pour socle (xy^2z, z^2y^2x) et pour noyau (y^2z, z^2y^2).

3° Soit $(f, f') = (f_1 a f_2, f_1' b f_2')$; le bifacteur gauche $(f_1 a, f_1' b)$ *plat pour* (f, f') si et seulement si :

(1) $|f_1|_a = |f_1|_b = |f_1'|_a = |f_1'|_b = 0$;

(2) $\forall u \in \mathrm{Ker}(f, f')$, $|f_1|_u \cdot |f_1'|_u = 0$;

(3) posant $f^{(1)} = x$, $f'^{(1)} = y$, on a $|f_1|_y \cdot |f_1'|_x \neq 0$.

Remarque : (2) & (3) $\Rightarrow$ $|f_1|_y \cdot |f_1'|_x = 1$.

*
* *

Ces définitions posées, on démontre successivement la validité des énoncés ci-après.

I. Lemme. Une condition suffisante pour qu'un bimot engendre un pi-système infini est qu'une initiale appartienne au noyau.

II. <u>Proposition.</u> Si un bimot admet un bifacteur plat, ou bien il est décomposable, ou bien son pi-système contient un bimot dont une initiale est une ultième du bifacteur plat.

III. <u>Proposition.</u> Une condition suffisante pour qu'un bimot indécomposable engendre un pi-système infini est qu'il possède un noyau.

IV. <u>Proposition.</u> Une condition suffisante pour qu'un bimot indécomposable engendre un pi-système infini est qu'aucun des entiers $\|f\|$, $\|f'\|$ ne soit inférieur à 2 et que l'un au moins dépasse cette valeur.

V. <u>Proposition.</u> La conjonction des deux conditions nécessaires de finitude, résultant de III et IV par contraposition, est une condition suffisante de finitude.

D'où :

VI. <u>Théorème.</u> Une condition nécessaire et suffisante pour qu'un bimot indécomposable engendre un pi-système fini est qu'il soit dépourvu de noyau et que les maxidegrés de ses membres ne dépassent pas tous les deux la valeur 2.

VII. <u>Corollaire.</u> La finitude est héréditaire dans les hiérarchies de pi-systèmes.

(Le cas d'un bimot indécomposable ayant été traité, il est aisé de traiter le cas d'un bimot décomposable.)

B.9. <u>Langage d'opérateurs associé à un pi-système.</u>
[D'après J.M. AUTEBERT, mémoire de D.E.A.].

$\mathbb{A}$ étant un pi-système, soit $\Lambda(\mathbb{A})$ le langage d'opérateurs (3.2.5.) qui lui est associé.

I. Chercher un exemple d'un pi-système infini montrant que $\Lambda(\mathbb{A})$ peut être rationnel sans que $\mathbb{A}$ soit fini.

II. On sait que l'intersection de deux langages rationnels est un langage rationnel. Chercher un exemple de pi-système qui, en se servant du théorème rappelé, montre que $\Lambda(\mathbb{A})$, pour $\mathbb{A}$ infini, n'est pas NÉCESSAIREMENT rationnel.

III. On sait que l'intersection d'un langage algébrique et d'un langage rationnel est un langage algébrique. Chercher un exemple de pi-système qui, en se servant du théorème rappelé, montre que $\Lambda(\mathbb{A})$, pour $\mathbb{A}$ infini, n'est pas NÉCESSAIREMENT algébrique.

C.10. On dira qu'un bimot est *équationnellement décomposable* si et seulement si l'équation aux longueurs impose sa décomposition du point de vue équationnel.

EXEMPLE. Pour $(c^2acb, fdbffdad)$, on doit décomposer selon le bifacteur (c, fd).

La partie *équationnellement utile* d'un pi-système est déterminée par des considérations de décomposabilité ordinaire, décomposabilité équationnelle, etc.

Le problème de l'infinitude devrait être traité pour les parties utiles.

4

A.1. Soit le bimot équilibré :

b = (abacdceefg, gcbdfcaeae).

Calculer et représenter sous forme de graphe la relation pi-frontalière de chacun des bimots b, pig(b), pid(b).

A.2. Calculer la substitution pi-frontalière de la bipermutation :

(abcdefghijk, kjgifehdcba).

[Réponse : $\sigma = (\overset{k}{a}\ i\ e\ g\ h\ c)(b\ j\ f\ d)$.]

Vérifier l'invariance en faisant quelques dérivations dans le pi-système.

A.3. Faire les constructions relatives à (PF) en se donnant divers éléments de Ⓗ pour le bimot équilibré de l'exercice 1 (ou de tels autres bimots au choix).

Imaginer des "heuristiques" pour augmenter l'entier min ($Card^-\mathcal{B}$, $Card^+\mathcal{B}$).

B.4. Pour k donné, caractériser les bipermutations indécomposables qui exigent le plus d'opérations pour arriver à une (k1)-bipermutation.

A.5. Que donne la proposition 4.3.11. dans le cas où la bipermutation en cause est involutive.

Quel est le problème de commutateur qui se trouve alors posé dans le groupe symétrique fini $\mathfrak{S}_\alpha$?

5

A.1. Quelle est la nature (parfaite ? imparfaite ?) de chacune des (k1)-bipermutations involutives suivantes ? [Pour rendre plus faciles à lire les involutions, on a écrit le second membre du bimot sous le premier.]

$$\begin{pmatrix} a & b & c & d & e & f & g & h & i & j \\ j & h & f & i & g & c & e & b & d & a \end{pmatrix};$$

$$\begin{pmatrix} a & b & c & d & e & f & g & h & i & j \\ j & f & d & c & i & b & h & g & e & a \end{pmatrix}.$$

Former des bipermutations involutives et se poser à leur sujet la même question.

A.2. Calculer ipro pour les bipermutations précédentes.
Calculer ipro pour : $(a^3 b^4 c^5, c^5 b^4 a^3)$.
Généraliser.

A.3. Chercher des exemples de bimots (f, f') pour lesquels on a :

(1) $\text{par}(f, f') < \text{ipro}(f, f')$;
(2) $\text{par}(f, f') = \text{ipro}(f, f')$.

B.4. Démontrer que toute substitution paire est le commutateur d'une involution et d'un cycle maximal ; lien avec l'exercice 4.5. (on trouvera une démonstration de cette proposition dans A. JACQUES, CL. LENORMAND, A. LENTIN, J.-F. PERROT [9]).

A.5. Que dire de la decomposition suivante :

$$(a\,b\,c\,d\,e\,f\,g) = [(a)(c)(bdg)(ef)][(ab)(cd)(eg)(f)] \;?$$

B.6. Caractériser toutes les décompositions $\sigma = \sigma'\sigma''$

pour lesquelles $\min(z(\sigma'), z(\sigma''))$ atteint son maximum.
[Question résolue dans le mémoire de D.E.A. de M. Guy BOCCARA.]

B.7. Soient σ_1 et σ_2 deux involutions contenant chacune la transposition $(i\,j)$ et soient γ et δ deux substitutions telles que l'on ait :

$$(1)\quad \sigma_2 \gamma^{-1} \sigma_1 = \delta.$$

On considère d'une part la b.i.d. :

$$(2)\quad \sigma_2 (\gamma^{-1} \sigma_1 \gamma) = \sigma_2 \sigma_I$$

de la substitution $\sigma = \delta\gamma$ et, d'autre part, du fait que la fixation de $\{i, j\}$ donne :

$$(3)\quad \overline{\sigma_2}\, \overline{\gamma}^{-1}\, \overline{\sigma_1} = \overline{\delta},$$

on considère la b.i.d. :

$$(4)\quad \overline{\sigma_2} (\overline{\gamma}^{-1} \overline{\sigma_1}\, \overline{\gamma}) = \overline{\sigma_2}\, \omega$$

de la substitution $\sigma_P = \overline{\delta}\, \overline{\gamma}$.

On dira que la b.i.d. (4) est *induite par la b.i.d. (2) au moyen du fixateur de* $\{i, j\}$.

La question se pose de savoir dans quelles conditions une b.i.d. intraorbitale (resp. extraorbitale) induit une b.i.d. intraorbitale (resp. extraorbitale).

Ci-après, une liste de (k1)-bipermutations involutives (le premier membre étant toujours rangé dans l'ordre de l'alphabet latin, on abrège en n'indiquant que le second membre). Les substitutions naturellement attachées sont $\sigma_2 = \sigma_1$; τ_G et τ_D jouent les rôles de γ et δ.
On fera systématiquement toutes les fixations possibles et on observera ce qui se passe :

I. (m g k d l j b i h f c e a) ;

II. (n j h g m l d c k b i f e a);

III. (j f e i c b h g d a).

B.8. Déterminer une condition nécessaire et suffisante pour qu'une b.i.d. intraorbitale induise une b.i.d.

extraorbitale.

Déterminer une condition nécessaire et suffisante pour qu'une b.i.d. extraorbitale induise une b.i.d. intraorbitale.

On considérera aussi les groupes symétriques infinis.

(Résumé sans les démonstrations dans FONTET et LENTIN [3] ; démonstrations dans FONTET et LENTIN [4].)

B.9. <u>Un Théorème de A. JACQUES.</u> Le résultat extrémal concernant $\max(\min(\mathfrak{z}(\sigma'), \mathfrak{z}(\sigma'')))$ ressortit à un domaine plus vaste dont A. JACQUES a continué l'exploration.

1. <u>Notation.</u> S étant une partie d'un groupe symétrique $\mathfrak{S}$, S^* le sous-groupe engendré par S, on désignera par $\mathfrak{z}(S)$ le nombre d'orbites de S^*, en d'autres termes, la cardinalité d'une transversale (cross-section) de S^*.

Si 1 est l'élément unité de $\mathfrak{S}$, $\mathfrak{z}(1)$ est la cardinalité de gro l'ensemble sur lequel $\mathfrak{S}$ opère.

2. <u>Définition.</u> On appellera *genre* du couple $(\alpha, \sigma) \in \mathfrak{S} \times \mathfrak{S}$:

$$g(\alpha,\sigma) = \mathfrak{z}(\alpha,\sigma) + \frac{1}{2}\left(\mathfrak{z}(1) - \mathfrak{z}(\sigma) - \mathfrak{z}(\alpha) - \mathfrak{z}(\alpha^{-1}\sigma)\right).$$

3. <u>Proposition.</u> $g(\alpha,\sigma) = g(\sigma,\alpha) = g(\alpha^{-1}, \sigma^{-1})$.

4. <u>Théorème.</u> $g(\alpha,\sigma)$ est un entier non négatif.

Voir JACQUES [8] (en particulier l'auteur s'intéresse aux couples de genre nul, qu'il appelle *planaires*).

B.10. <u>Problème de commutateurs.</u>

Soit $\mathfrak{S}_M$ le groupe symétrique opérant sur un ensemble M de cardinalité quelconque.

Dans le cas où Card $M < \aleph_0$, les propriétés suivantes des substitutions sont équivalentes :

(a) être un commutateur ;

(b) être commutateur d'une involution et de quelque autre substitution ; en d'autres termes, admettre une b.i.d. équilibrée ;

(c) être commutateur d'une involution et d'un cycle maximal ;

(d) satisfaire à la condition $\sum_p \mathfrak{z}_{2p}(\sigma) \in 2\mathbb{N}$, où $\mathfrak{z}_m(\sigma)$, $1 \leq m \leq \aleph_0$ désigne le nombre des cycles de longueur m appartenant à $\sigma \in \mathfrak{S}$;

(e) être paire.

La famille des permutations qui possèdent ces propriétés est le groupe alterné $\mathfrak{A}_M$ et l'on a $\operatorname{Card} \mathfrak{A}_M = \operatorname{Card}(\mathfrak{S}_M \setminus \mathfrak{A}_M)$.

Il est connu que, dans le cas où $\operatorname{Card} M \geq \aleph_0$, toute substitution est un commutateur (ORE [17]), tandis que la parité ordinaire ne permet pas de dépasser le groupe alterné :

$$\mathfrak{A}_M = \{\xi \in \mathfrak{S}_M : \operatorname{Card}\{i \in M : i.\xi \neq \xi\} < \aleph_0, \text{ la restriction de } \xi \text{ à cet ensemble étant paire}\}.$$

Le problème se pose donc d'étudier la famille des substitutions qui possèdent la propriété (b). On les appellera *paires au sens large* et on désignera cette famille par $\mathfrak{L}_M$.

Principaux résultats.

I. La "bonne généralisation" de (c) est : « être commutateur d'une substitution *maxihomogène* et d'une involution ».

Une substitution est *maxihomogène* si et seulement si, posant $\operatorname{Card} M = |M|$,

ou bien $|M| < \aleph_0$ et $\mathfrak{z}_{|M|}(\sigma) = 1$;

ou bien $|M| \geq \aleph_0$ et $\mathfrak{z}_m(\sigma) = 0$ si $m \neq \aleph_0$.

II. La "bonne généralisation" de (d) est :

$$\sum_{m>1} \left(\mathfrak{z}_m(\sigma) \geq \aleph_0 \ \underline{\text{ou}}\ \mathfrak{z}_{\aleph_0}(\sigma) \in 2\mathbb{N}^+ \ \underline{\text{ou}}\ \left[\sum_{m>1} \mathfrak{z}_m(\sigma) < \aleph_0 \ \underline{\text{et}}\ \mathfrak{z}_{\aleph_0}(\sigma) = 0 \ \underline{\text{et}}\ \sum_p \mathfrak{z}_{2p}(\sigma) \in 2\mathbb{N}\right]\right.$$

III. Les propriétés (b), (c) et (d) sont alors équivalentes et définissent une même famille $\mathfrak{L}_M$ (qui, évidemment, n'est pas un groupe).

IV. Pour la cardinalité, utilisant un résultat de KARRAS et

SOLITAR [7], on prouve que pour Card $M = |M| \geq \aleph_0$, on a :

$$|\mathcal{L}_M| = |\mathfrak{S}_M \setminus \mathcal{L}_M| = |\mathfrak{S}_M| = 2^{|M|}.$$

V. Les permutations (substitutions) paires au sens large sont les substitutions pi-frontalières des équations bipermutationnelles dans le cas fini, des équations bipermutationnelles et systèmes d'équations bipermutationnelles dans le cas où l'ensemble des inconnues est infini.

*
* *

[Pour un résumé sans les démonstrations, voir FONTET et LENTIN [5] ; pour les démonstrations, voir FONTET et LENTIN [6].]

C.11. Expression donnant $\mathrm{Max}\{\min(\mathrm{Card}^{-}\mathcal{B}, \mathrm{Card}^{+}\mathcal{B}) : \mathfrak{f} \in \Theta\}$.

En dehors du cas bipermutationnel (et de cas très voisins), on ne connaît pas encore (août 1971) d'expression donnant ce Maxmin dans le cas général.

6

A.1. Représenter graphiquement le pi-système de types engendré par le type :

5 2 3 4 1,

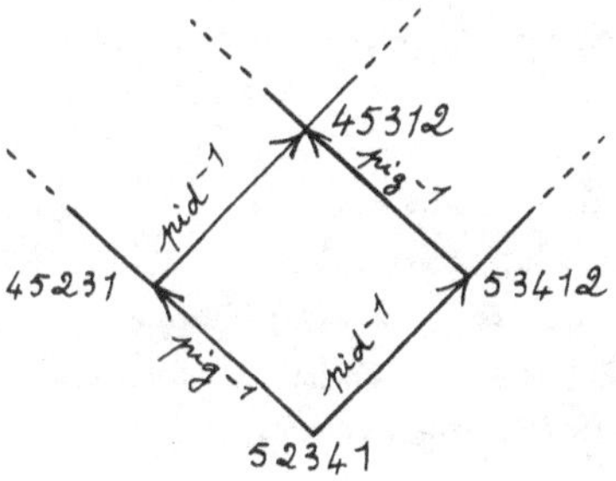

en utilisant les opérations pig^{-1} et pid^{-1} (figure ci-contre).

Constater que les points se répartissent sur un réseau triangulaire.

Démontrer ce résultat dans le cas général et en déduire la cardinalité du système des types totalement réductible.

B.2. Etudier et représenter graphiquement le pi-système engendré par :

5 3 2 4 1.
e c b d a

Comment se déduit-il du pi-système engendré par 4321 (f c b a) ? Expliquer comment se répartissent ses 35 (= 7 × 5) éléments.

Généralisation.

B.3. Représenter graphiquement le pi-système de types engendré par 5 2 431.

Représenter ensuite le pi-système engendré par

5 2 43 1 .
f b dc a

Chercher une disposition propre à mettre en évidence le groupe des automorphismes (isomorphe au groupe diédral du triangle équilatéral).

Observer et analyser dans ce graphe le rôle « cartilagineux » des bipermutations médiatement pi-u-réductibles (qui sont aussi pu-i-réductibles).

B.4. Le type 5 3 2 4 1 et le type 5 2 4 3 1 se déduisent l'un de l'autre par retournement (ou retournement inversé).

Etudier comment se réalise dans l'ensemble des deux pi-systèmes la bijection liée au retournement (resp. retournement inversé).

A.5. Représenter les pi-systèmes des types à retournement complet 4321, 54321, 654321.

Sur chacun d'eux, étudier comment se réalise la bijection liée au retournement (resp. retournement inversé).

Généralisation.

B.6. Comparer le pi-système et le pu-système engendrés par ces mêmes types à retournement complet.

Vérifier que le pi-système et le pu-système contiennent les mêmes types, d'où une bijection canonique.

Etudier comment se réalise cette bijection.

Généralisation à l'ordre k.

B.7. Démontrer que les systèmes engendrés par les types totalement réductibles sont les seuls pour lesquels l'application liée au retournement est un morphisme.

A.8. Construire les pp-systèmes de 4321 et 54321. Observer. Généraliser.

B.9. Démontrer que la fonction g définie en 6.3. est croissante et que $g(n)$ tend vers 1 quand n tend vers l'infini.

C.10. Déterminer le nombre des types qui sont non seulement indécomposables mais encore dépourvus de toute réductibilité immédiate ou médiate.

B.11. Soit $\mathcal{b}$ une bipermutation non réductible de la forme:

$$\mathcal{b} = \begin{matrix} k & k-1 & 3 & A & 2 & 1 \\ q & y & t & \cdots & s & a \end{matrix} ;$$

Déterminer dans $Pi(\mathcal{b})$ une bipermutation où s trouve le rang $k-1$ et la place 1.

B.12. Compléments sur la substitution pi-frontalière.

Les démonstrations sont laissées en exercice.

1. Définition. Etant donné un alphabet X de cardinalité $k = n+1$; étant donné deux lettres distinctes $q, a \in X$; $\mathbb{B}(X; q, a)$ désignant l'ensemble des bipermutations sur X ayant q comme ultième gauche et a comme ultième droite ; $\mathfrak{A}$ désignant l'ensemble obtenu en adjoignant à $X \setminus \{q, a\}$ le symbole distingué $\frac{q}{a}$; on désignera par σ l'application de $\mathbb{B}(X; q, a)$ dans le groupe alterné $\mathcal{A}_{\mathfrak{A}}$ qui à tout $b \in \mathbb{B}$ associe $\sigma_b \in \mathcal{A}_{\mathfrak{A}}$, qui est la substitution pi-frontalière de b.

2. Notations. S désignant une suite de rangs figurant dans un type, on désignera par S_L la suite des lettres qui correspondent à S dans une bipermutation de ce type et par $S^{+\lambda}$ (resp. $S^{-\lambda}$) la suite obtenue en augmentant (resp. diminuant) de λ chaque rang de S.

3. Lemmes.

A. Les bipermutations spéciales dont le type est donné par la loi :

$$\langle 4\mu+1 / 4\ 3\ 2 / 5 / \ldots / 3i+1\ \ 3i\ \ 3i-1 / 3i+2 / \ldots / 1 \rangle$$

ont une substitution pi-frontalière dont tous les cycles sont des transpositions.

B. Soient les deux bipermutations spéciales :

$$b = \begin{matrix} k & S_1 & S_2 \ldots S_\lambda & 1 \\ q & S_{1L} & S_{2L} \ldots S_{\lambda L} & a \end{matrix} \text{, et}$$

$$b' = \begin{matrix} k+2 & 3 & 2 & S_1^{+2} & S_2^{+2} \ldots S_\lambda^{+2} & 1 \\ q & z & x & S_{1L} & S_{2L} \ldots S_{\lambda L} & a \end{matrix},$$

soit Γ_a (resp. Γ'_a) le cycle de $\frac{q}{a}$ dans $\sigma(b)$ (resp. $\sigma(b')$) ; on a $\Gamma'_a = (x\,\Gamma_a\,z)$ et tous les autres cycles sont communs.

4. Théorème. Soit $\mathbb{S}(X; q, a)$ la partie de $\mathbb{B}(X; q, a)$

formée par les seules bipermutations spéciales, alors la restriction de σ à $\mathfrak{S}$ est une surjection.

(Preuve par récurrence à l'aide des lemmes.)

5. <u>Constatation de fait</u>. Deux pi-systèmes disctints peuvent avoir la même substitution pi-frontalière.

(C'est le cas du système à retournement complet engendré par : $b = \begin{smallmatrix} 6 & 5 & 4 & 3 & 2 & 1 \\ q & u & x & z & v & a \end{smallmatrix}$ et du système engendré par :

$$b' = \begin{smallmatrix} 6 & 3 & 2 & 5 & 4 & 1 \\ q & z & x & u & v & a \end{smallmatrix}, \quad \text{car } \sigma(b) = \sigma(b') = \begin{pmatrix} q & x & v & u & z \\ a & & & & \end{pmatrix}.$$

On trouvera facilement d'autres exemples.)

C.13. σ n'étant pas un invariant CARACTÉRISTIQUE, essayer de trouver un trait plus sélectif.

B.14. <u>Dénombrement des types spéciaux non réductibles.</u>

Les démonstrations sont laissées en exercice.

<u>Proposition</u>. (A). Le nombre des types spéciaux dépourvus de toute réductibilité est donné par la relation de récurrence "métafibonnaccienne" :

$$u_{n+3} = u_{n+2} + u_{n+1} + u_n ,$$

avec $u_2 = 0$, $u_3 = 0$, $u_4 = 1$.

(B). La fonction génératrice est $\dfrac{t^4}{1-t-t^2-t^3}$.

B.15. Le groupe des isotypies de (TR_n) est isomorphe à $\mathfrak{S}_{n-2}$.

B.16. Si $b_1 \in Pi(b)$, on appellera *écart* $]b, b_1[$ le plus petit nombre d'opérations qu'il faut faire pour passer de b à b_1.

Pour cet écart, $\langle 4321 \rangle$ est le centre unique de son pi-système (centre : au sens de la théorie des graphes).

Généralisation.

B.17. Sur le groupe des automorphismes d'un pi-sbm.

Les démonstrations sont laissées en exercice.

1. Proposition. Le groupe des automorphismes d'un pi-sbm de types est un groupe cyclique d'ordre deux, formé de l'identité et de l'inversotypie.

Conséquence. Le groupe des automorphismes d'un pi-sbm est le produit direct du groupe des isotypies par le groupe cyclique d'ordre deux engendré par l'inversotypie.

2. Lemme. Soit $\mathcal{b} = \begin{smallmatrix} k & S & 1 \\ q & S_L & a \end{smallmatrix}$ une bipermutation sur X ; soit $Y = \{y_i : 1 \leq i \leq \lambda\}$ un alphabet disjoint de X (pour les notations, voir l'exercice 12 de la présente série). On forme la bipermutation :

$$\mathcal{b}_y = \begin{matrix} k+\lambda & \lambda+1 & \lambda & \ldots & 3 & 2 & S^{+\lambda} & 1 \\ q & y_\lambda & y_{\lambda-1} & \ldots & y_2 & y_1 & S_L & a \end{matrix} ;$$

si le système $Pi(\mathcal{b})$ contient la bipermutation $\widehat{\mathcal{b}}$:

$$\widehat{\mathcal{b}} = \begin{matrix} k & S & 1 \\ q & \widehat{S}_L & a \end{matrix} ,$$

isotype de $\mathcal{b}$, alors $Pi(\mathcal{b}_y)$ contient la bipermutation

$$\widehat{\mathcal{b}_y} = \begin{matrix} k+\lambda & \lambda+1 & \lambda & \ldots & S^{+\lambda} & 3 & 2 & 1 \\ q & y_\lambda & y_{\lambda-1} & \ldots & \widehat{S}_L & y_2 & y_1 & a \end{matrix} ,$$

isotype de $\mathcal{b}_y$.

3. Proposition. Une condition suffisante pour que le groupe des isotypies d'un pi-sbm $\mathbb{A}$ ne se réduise pas à l'identité est que $\mathbb{A}$ contienne une bipermutation

$$\mathcal{b} = \begin{matrix} k & \lambda & \lambda\text{-}1 & \ldots & 3 & 2 & S & 1 \\ q & .. & .. & \ldots & .. & .. & S_L & a \end{matrix} ;$$

et que le groupe des isotypies de $Pi(\mathcal{b}')$,

$$\mathcal{b}' = \begin{matrix} k-\lambda & S & 1 \\ q & S_L & a \end{matrix} ,$$

ne soit pas réduit à l'identité.

4. Proposition. Si un pi-sbm médiatement pi-u-

réductible contient une bipermutation de la forme :

$$b = \begin{matrix} k & 2 & \lambda+1 & \lambda & \dots & 3 & \lambda+2 & S & 1 \\ q & b & c_0 & c_1 & \dots & c_{\lambda-2} & d & S_L & a \end{matrix},$$

son groupe d'isotypies contient le sous-groupe cyclique engendré par le cycle $(b\, c_0\, c_1 \cdots c_{\lambda-2})$.

Conséquence. Les deux propositions précédentes permettent de construire de proche en proche des pi-sbm dont le groupe d'isotypies n'est pas trivial.

EXEMPLES: à partir du type $\langle 5\,2\,4\,3\,1 \rangle$ qui est pi-u-réductible, on forme de proche en proche les types suivants, qui ne sont plus réductibles:

$$\langle 7\,3\,2\,4\,6\,5\,1 \rangle, \langle 11\,5\,4\,3\,2\,7\,6\,8\,10\,9\,1 \rangle, \text{etc.}$$

5. Lemme. Si b et $\hat{b} \in Pi(b)$ sont isotypes et si $t \in X$ a le même rang (resp. la même place) dans b et $\hat{b}$, il y a aussi la même place (resp. le même rang), et cela est vrai aussi pour tous les éléments du cycle de t dans σ.

6. Proposition. Un pi-système dont la substitution pi-frontalière ne présente qu'un cycle a son groupe d'isotypies trivial et il est isomorphe à son pi-système de types.

7. Théorème. Le groupe des isotypies d'un pi-sbm, dont la substitution pi-frontalière admet plusieurs cycles de longueurs toutes différentes, est un groupe cyclique. Ce groupe est un sous-groupe du sous-groupe maximal de $\mathfrak{S}_\alpha$ qui conserve individuellement les cycles de la substitution pi-frontalière.

Sous les mêmes hypothèses (et si le groupe d'isotypies n'est pas trivial) le groupe d'automorphismes est un groupe diédral.

EXEMPLE. Pour $\begin{matrix} 7\,4\,3\,2\,6\,5\,1 \\ g\,d\,c\,b\,f\,e\,a \end{matrix}$, on a $\sigma = \left(\begin{smallmatrix} g \\ a \end{smallmatrix} c\right)(b\,e\,f\,d)$.
Le calcul montre que le groupe d'isotypies est le groupe cyclique d'ordre 2 engendré par $\omega = (d\,e)(b\,f)$.

C.18. Groupes d'isotypies des pi-sbm (suite).

Il conviendrait d'améliorer le résultat précédent.

Soit $\sigma = \Gamma_a\, \Gamma_1 \ldots \Gamma_\lambda \ldots \Gamma_\omega$ la décomposition de σ en produit de cycles disjoints (dans le cas où elle n'est pas formée par le seul cycle Γ_a de $\left(\begin{smallmatrix} q \\ a \end{smallmatrix}\right)$) et soit $|\Gamma_\lambda|$ la longueur de Γ_λ. Par abus d'écriture, Γ_λ désignera aussi la substitution dont la décomposition en cycles est formée de Γ_λ et de points fixes.

Soit encore $\mathfrak{G}$ le groupe d'isotypies et soit enfin $\mathcal{H}_\sigma$ le groupe de substitutions engendré par la partie $\{\Gamma_1, \ldots, \Gamma_\lambda, \ldots, \Gamma_\omega\}$.

1° Si les $|\Gamma_\lambda|$ sont tous différents, on sait donc que $\mathfrak{G}$ est un sous-groupe de $\mathcal{H}_\sigma$; mais on voudrait le caractériser.

2° Que se passe-t-il lorsque certains $|\Gamma_\lambda|$ sont égaux ? Voici deux faits.

a) pour le système totalement réductible engendré par :

$$\begin{array}{cccccccccc} n+2 & 2 & 3 & \ldots & \lambda & \lambda+1 & \ldots & n+1 & 1 \\ q & x_1 & x_2 & \ldots & x_{\lambda-1} & x_\lambda & & x_n & a \end{array},$$

on a :

$$\sigma = \begin{pmatrix} q \\ a \end{pmatrix} (x_1)(x_2) \cdots (x_{\lambda-1})(x_\lambda) \cdots (x_n)$$

et

$$\mathfrak{G} = \mathfrak{S}_{\{x_1, x_2, \ldots, x_n\}}.$$

b) pour le système engendré par :

$$\begin{array}{cccccccc} 8 & 3 & 2 & 5 & 7 & 6 & 5 & 1 \\ h & c & b & d & g & f & e & a \end{array},$$

on a :

$$\sigma = \begin{pmatrix} h \\ a \end{pmatrix} b\, c)\,(d\,f)\,(e\,g)$$

et on trouve (calcul par machine, programme de D. PIOLLET) que $\mathfrak{G}$ est le groupe cyclique d'ordre 4 engendré par la substitution $(d\,e\,f\,g)$.

Dans ces questions interviennent vraisemblablement des considérations de b.i.d. intraorbitales et extraorbitales (Cf. exercice 5-8.).

B.19. Déterminer le groupe d'isotypies du pp-système à retournement complet (Deux cas selon la parité de Card X).

C.20. Examiner ce que donne la notion de système contraint pour les pp-systèmes bipermutationnels. (Est-il possible que le système contraint contienne tous les types que contient le système non contraint?)

C.21. Etudier les groupes d'isotypies des pp-systèmes bipermutationnels.

C.22. Etudier les centres, au sens de la théorie des graphes, des pi-systèmes et des pp-systèmes bipermutationnels.

La définition de "l'écart" donnée plus haut (exercice 16 de la présente série) n'est pas la seule possible et l'on pourra en utiliser d'autres.

Bet C.23. Restriction de la coïncidence.

[Problème rédigé par Daniel PIOLLET, d'après son mémoire de D.E.A.]

Définition. Soient $(f,f') \in X^* \times X^*$ et $\delta \in \mathbb{N}$; on dira qu'un morphisme $^{\delta}\psi : X^* \longrightarrow Y^*$ est une *présolution de défaut* δ si et seulement si l'on a :

$$^{\delta}\psi f = g_1 g_2 , \; ^{\delta}\psi f' = g_1' g_2' \text{ avec } g_1 = g_1' \text{ et } |g_2| = |g_2'| = \delta .$$

Remarques. En particulier :

- • une présolution de défaut nul est une solution ;
- •• une présolution $^{\delta}\theta$ en longueurs pures de défaut δ fournit canoniquement une solution en longueurs pures (réciproque ?).

1. Etendre aux présolutions les techniques et les résultats relatifs aux solutions. (On gardera les notations habituelles et on utilisera, le cas échéant, la lettre δ en indice antérieur-supérieur.)

Noter qu'une solution $\theta \in \Phi(t^*)$ peut être de longueur principale alors que la présolution libre $\overline{^{\delta}\theta}$ n'est pas une présolution principale.

2. Généralités.

2.1. Définitions. Lorsque la longueur θ est principale pour (f, f'), le défaut minimal :

$$\Delta(f, f'; \theta) = \Delta ,$$

pour lequel la présolution libre $\overline{^{\Delta}\theta}$ cesse d'être principale sera dit *le séparateur de* θ.

$\overline{^{\Delta}\theta}$ procède d'une présolution principale $\overline{^{\delta_1}\theta_1}$, on dira que θ_1 est la *première rétraction de* θ (en bref, la *rétraction de* θ).

2.2. Problèmes posés. On peut donc se proposer de calculer la valeur du séparateur et ceci en particulier pour les longueurs principales θ qui permettent d'atteindre par (f, f').

On peut encore se proposer de déterminer la première rétraction et, inversement, de caractériser la famille des longueurs qui ont la même rétraction.

3. Cas de (ab, ba) : première méthode.

On se propose de résoudre les problèmes posés plus haut dans le cas de l'équation (ab, ba). Si $\theta \in \phi(t^*)$ en est une solution, on posera :

$$|\theta a| = \alpha, \; |\theta b| = \beta .$$

On sait que la longueur θ est principale si et seulement si l'on a $\alpha \frown \beta = 1$. On sait aussi que :

$$\overline{\theta} \; (= \overline{^{0}\theta}) = \overline{^{1}\theta} .$$

Supposant θ principale, posons $X_\theta = A \cup B$,

$$A = \{(a,1), (a,2), \dots, (a,\alpha)\} ; \; B = \{(b,1), (b,2), \dots, (b,\beta)\} .$$

Désignons par $\mathcal{M}_\alpha^\beta$ l'opérateur qui envoie $i \in \mathbb{N}^+$

- sur le reste de la division de $i+\beta$ par α, si ce reste n'est pas nul ;

•• sinon, sur α .

Désignons par S_a (resp. S_b) l'application de A dans A (resp. B dans B) qui envoie (a,i) sur $(a, \mathfrak{M}_\alpha^\beta(i))$ (resp. (b,i) sur $(b, \mathfrak{M}_\beta^\alpha(i))$).

Représentons $\mathbb{Z}/\alpha\mathbb{Z}$ (resp. $\mathbb{Z}/\beta\mathbb{Z}$) par $\{\overline{0}, \overline{1}, \dots, \overline{\alpha-1}\}$ (resp. $\{\overline{\overline{0}}, \overline{\overline{1}}, \dots, \overline{\overline{\beta-1}}\}$).

Désignons par φ_a l'application bijective de A sur $\mathbb{Z}/\alpha\mathbb{Z}$ définie par $\varphi_a(a,i) = \overline{i-1}$; et de même $\varphi_b : B \to \mathbb{Z}/\beta\mathbb{Z}$ par $\varphi_b(b,i) = \overline{\overline{i-1}}$.

Définissons enfin $\sigma_\alpha : \mathbb{Z}/\alpha\mathbb{Z} \longrightarrow \mathbb{Z}/\alpha\mathbb{Z}$, par :

$$\sigma_\alpha(\lambda) = \varphi_a\left(S_a\left(a, \varphi_a^{-1}(\lambda)\right)\right),$$

et σ_β de manière analogue.

3.1. Montrer que σ_α (resp. σ_β) est un automorphisme de $\mathbb{Z}/\alpha\mathbb{Z}$ (resp. $\mathbb{Z}/\beta\mathbb{Z}$), et que l'on a :

$$(1) \quad \sigma_\alpha(\overline{\beta}) = \overline{1} \; ; \; \sigma_\beta(\overline{\overline{\alpha}}) = \overline{\overline{1}} .$$

3.2. Montrer que le séparateur $\Delta(ab, ba; \theta)$ est égal à 2 et que ${}^2\theta$ comporte deux classes dont l'une – soit C_1 – est principale tandis que l'autre – soit C_2 – ne l'est pas.

3.3. Calculer $\alpha' = \mathrm{Card}\,(C_1 \cap A)$, $\beta' = \mathrm{Card}\,(C_1 \cap B)$; montrer en utilisant (1) que ces entiers sont les coefficients de la relation de Bezout ("normalisée") liant α et β.

3.4. En déduire la résolution de la question inverse.

4. Cas de (ab, ba) : seconde méthode.

On écrira les bimots, éléments de $X^* \times X^*$, par la notation $\begin{pmatrix} f_1 \\ f_2 \end{pmatrix}$ et on introduira deux opérateurs définis sur $X^* \times X^*$ par :

$$\gamma_{12}\begin{pmatrix} f_1 \\ f_2 \end{pmatrix} = \begin{pmatrix} f_2 f_1 \\ f_1 \end{pmatrix} ; \; \gamma_{21}\begin{pmatrix} f_1 \\ f_2 \end{pmatrix} = \begin{pmatrix} f_1 \\ f_1 f_2 \end{pmatrix} ;$$

on posera enfin $\Gamma = \{\gamma_{12}, \gamma_{21}\}^*$.

4.1. Montrer, en utilisant le pi-système de (ab, ba), que toute solution principale $\varphi \in \Phi(u^*)$ de cette équation est caractérisée par:

$$\begin{pmatrix} \varphi(a) \\ \varphi(b) \end{pmatrix} = \gamma \begin{pmatrix} u \\ u \end{pmatrix} ; \gamma \in \Gamma .$$

4.2. Montrer que, pour le défaut 2, toute présolution ${}^2\varphi' : X^* \to \{u, v\}^*$ est obtenue à partir d'une solution $\varphi : X^* \to u^*$ par:

$$\begin{pmatrix} \varphi(a) \\ \varphi(b) \end{pmatrix} = \gamma \begin{pmatrix} u \\ u \end{pmatrix} \text{ et } \begin{pmatrix} {}^2\varphi'(a) \\ {}^2\varphi'(b) \end{pmatrix} = \gamma \begin{pmatrix} u \\ v \end{pmatrix} .$$

4.3. Montrer que ${}^2\varphi'$ procède de la solution principale $\varphi'' : X^* \to u^*$ définie par:

$$\begin{pmatrix} \varphi''(a) \\ \varphi''(b) \end{pmatrix} = \gamma'' \begin{pmatrix} u \\ u \end{pmatrix} \text{ avec: } \begin{cases} \gamma = \gamma''\gamma_{12} , \\ \text{ou} \\ \gamma = \gamma''\gamma_{21} . \end{cases}$$

4.4. Déduire de ce qui précède la solution du problème inverse.

Définissant les applications:

$\dot{\theta} : X^* \times X^* \to \mathbb{N}^2$ par $\dot{\theta}\begin{pmatrix} f_1 \\ f_2 \end{pmatrix} = \begin{pmatrix} |\theta f_1| \\ |\theta f_2| \end{pmatrix}$, pour $\theta \in \Phi(t^*)$;

$\overset{\otimes}{\theta} : \Gamma \to S = \left(\begin{pmatrix} 1 & 0 \\ 1 & 1 \end{pmatrix}, \begin{pmatrix} 1 & 1 \\ 0 & 1 \end{pmatrix} \right)^*$ par $\overset{\otimes}{\theta}\gamma_{12} = \begin{pmatrix} 1 & 1 \\ 0 & 1 \end{pmatrix}$ et $\overset{\otimes}{\theta}\gamma_{21} = \begin{pmatrix} 1 & 0 \\ 1 & 1 \end{pmatrix}$; remarquant que:

$$\dot{\theta}\left[\gamma_{12}\begin{pmatrix} f_1 \\ f_2 \end{pmatrix}\right] = \overset{\otimes}{\theta}(\gamma_{12})\left[\dot{\theta}\begin{pmatrix} f_1 \\ f_2 \end{pmatrix}\right] ,$$

et que la partie de $\mathbb{N}^2$ définie par $\left\{\begin{pmatrix} \alpha \\ \beta \end{pmatrix} = s\begin{pmatrix} 1 \\ 1 \end{pmatrix} : s \in S\right\}$ n'est autre que $\{(\alpha, \beta) \in \mathbb{N}^{+2} : \alpha \wedge \beta = 1\}$, on retrouvera tous les résultats obtenus par la première méthode.

4.5. Etendre ce qui précède à (abc, cba).

4.6. Pour Card $X \geqslant 4$ la généralisation des résultats obtenus par la première méthode est un problème ouvert.

7

A.1. Dans les énoncés 7.3.8., 7.3.9., 7.3.11., peut-on remplacer l'hypothèse « indécomposable » par une hypothèse un peu plus faible ?

A.2. Appliquer la construction donnée dans le texte à la recherche d'un sommet sans issue dans le pi-système engendré par :

$$(abacdefbeg, hfdghc).$$

B.3. Appelons pi^{-1} système le système engendré à partir d'un bimot par les seules opérations pig^{-1} et pid^{-1}.

$\mathcal{B}$ étant s.q.n.b. démontrer que pi$^{-1}(\mathcal{B})$ contient un bimot de la forme :

$$(uuh, g_T)\ ;\ u \in X\ ;\ g_T \text{ titan.}$$

B.4. Etudier ce qui se passe lorsque la classe d'isodromie d'un bimot s.q. contient un point fixe.

A.5. Peut-on déterminer la classe d'isodromie d'un bimot s.q. dont un membre est vide ? Cela a-t-il une utilité technique ?

A.6. Quelles sont les "bonnes raisons" que l'on peut donner si l'on pose la convention que :

$$\mathcal{B} = (x, x)\quad ;\quad X = \{x\}\ ;$$

est indécomposable ?

A.7. Chercher des exemples de bimots s.q., indécomposables et équationnels, $\mathcal{B}$, tels que, dans :

$$\partial_i \mathcal{B} = \mathcal{B}_1 \circ \mathcal{B}_2\ ,$$

1) $\mathcal{B}_1$ soit une bipermutation ; 2) $\mathcal{B}_2$ soit une bipermutation.

A.8. Déterminer par $(x_1^2, x_2^2 x_3^2 \dots x_k^2)$.

B.9. Etude complète (pi-système et résolution) de $(a^2, b^2c^2d^2)$.

B.10. Que peut-on dire des deux équations :

$(\tilde{b}ca\tilde{b}, ab^2c)$ et $(d^2, a^2b^2c^2)$,

– où la tilde indique l'opération miroir ?

B.11. Etude et résolution du système formé par les deux équations :

$$\begin{cases} (abcd, ecbf), \\ (dafe, g^2). \end{cases}$$

C.12. Théorie des systèmes quadratiques d'équations. (Cf. D. PIOLLET [18].)

C.13. Etude des groupes d'automorphismes des pi et pp-systèmes quadratiques.

8

On a attribué le numéro huit à cette série parceque les énoncés qui y figurent ne se rattachent pas directement à l'une des sept sections du texte.

B.1. Soient $X = \{a, b, c\}$ et Y le monoïde des classes que détermine dans X^* la congruence de THUE engendrée par $ab \equiv bc$.

Résoudre dans Y les équations (xy, yx) et (xy, yz).

B.2. On considère l'ensemble des fonctions à valeur dans $\mathbb{R}$ dont chacune est définie sur quelque segment fermé à gauche et ouvert à droite. Il est immédiat d'y définir une concaténation et une structure de monoïde.

Résoudre pour ce monoïde l'équation (fg, gf). (Cf. Fine et Wilf [2]).

C.3. Etudier, dans les monoïdes libres, les équations où intervient l'opération miroir.

C.4. Soient $X = \{a, b\}$; $f, f' \in X^*$; $\varphi : X^* \to Y^*$ un morphisme tel que φa et φb ne soient pas puissances d'un même mot.

On suppose que φf et $\varphi f'$ coïncident sur un segment de longueur λ, non nécessairement initial ou final.

A partir de quelle valeur minimale de λ peut-on affirmer quelque chose pour φa et φb; et quoi ?

On trouvera une solution dans LENTIN et SCHÜTZENBERGER [13] ; pour Card $X > 2$ la question est ouverte.

Bet C. 5. pω-systèmes bipermutationnels.

Définition. k désignant Card X, soit ω un naturel fixe inférieur à k.

Etant donné $\mathcal{b} = (f, f') \in X^! \times X^!$, on a $f^{(\omega)} = f'^{(\lambda)} = u$.

Supposons $\lambda > 1$, d'où :

$$f' = f'^{(1)} f'^{(2)} \dots f'^{(\lambda-1)} u f''$$

On pose alors :

$$p\omega g(\mathcal{b}) = (f, f'^{(2)} \dots f'^{(\lambda-1)} f'^{(1)} u f'').$$

Pour $\lambda = 1$, on pose $p\omega g(\mathcal{b}) = \mathcal{b}$.

EXEMPLES • Pour $\omega = 1$, $p1g$ coïncide avec pig.

•• Soit $\omega = 2$ et :

$$\mathcal{b} = (a\underset{\uparrow}{b}cdef, ced\underset{\uparrow}{b}fa),$$

alors :

$$p2g(\mathcal{b}) = (abcdef, edcbfa).$$

Définition analogue pour $p\omega d$. Définitions duales pour les opérations $p\bar{\omega}g$ et $p\bar{\omega}d$.

I. Possibilité de faire ces opérations. Types "bloqués". Extension de l'opposition (étudiée pour $\omega = 1$) entre types indécomposables et types décomposables.

Questions de dénombrement.

II. Les pω-systèmes bipermutationnels.

Existe-t-il un (des) invariant(s) ?

Etude des groupes d'isotypies.

Questions analogues pour les pω-p$\bar{\omega}$-systèmes.

III. Etude globale de la classe des pω-systèmes (resp. pω-p$\bar{\omega}$-systèmes).

Il est clair que ces systèmes généralisés n'ont plus de signification équationnelle, mais ils présentent un intérêt certain en théorie des permutations.

Voir deux exemples sur les figures ci-jointes et noter le rôle de types involutifs ω-spéciaux.

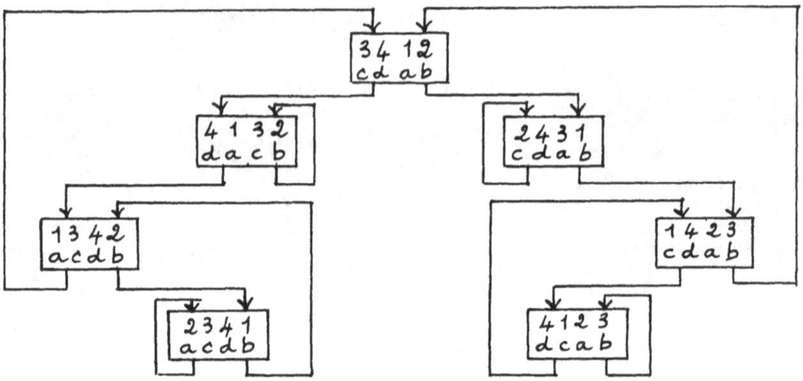

p2-système à groupe d'isotypies trivial.

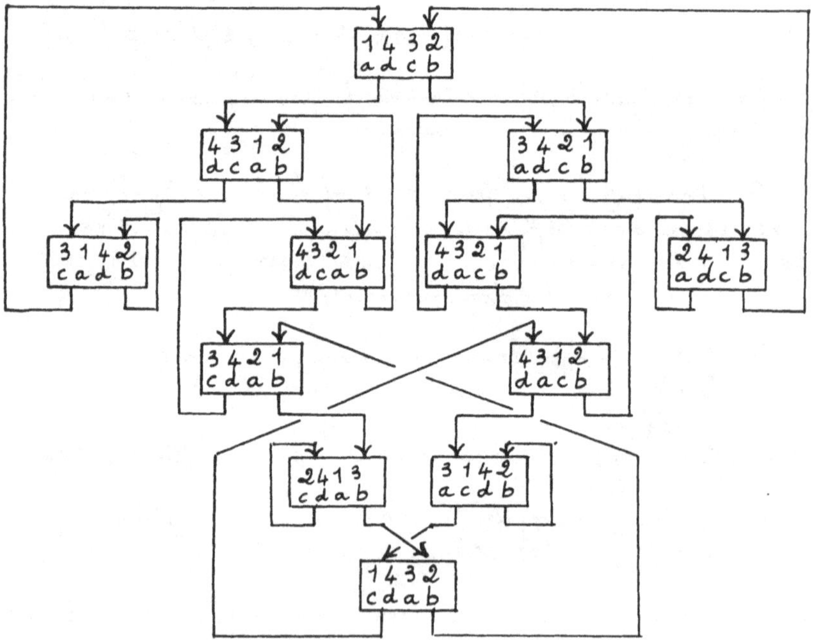

p2-système à groupe d'isotypies non trivial.

BetC.6. Equations pour Card $X \geq \aleph_0$.

Dans ce qui suit, on considère pour Card $X \geq \aleph_0$ l'ensemble X^ω des applications $F, G, H, \ldots$ de $\mathbb{N}$ dans X, applications que l'on s'autorisera à appeler des *mégamots*.

Un *bimégamot* (F, F') définit une équation.

Une solution de (F, F') dans Y^* reste un morphisme de monoïdes libres $\varphi : X^* \to Y^*$ tel que $\varphi F = \varphi F'$. (Dans les cas intéressants on aura aussi Card $Y \geq \aleph_0$.)

On considèrera aussi des systèmes, finis ou infinis, de telles équations.

1. Généralités.

1.1. Que devient la théorie des consécutions et des solutions principales ? Que peut-on dire de par (F, F') si (F, F'), pour $X_{F,F'} = X$, n'est pas décomposable ?

1.2. On introduit les notions suivantes.

(A) $\varphi : X^* \to Y^*$ étant une solution, à chaque $x \in X$ on associe $|\varphi x|$ et on pose :

$$\|\varphi\| = \mathrm{Max}\,\{|\varphi x| : x \in X\} ;$$

(B) à chaque $y \in Y$ on associe :

$$/\varphi/_y = \mathrm{Card}\,\{x \in X : |\varphi x|_y \neq 0\} ,$$

et on pose :

$$/\!/\varphi/\!/ = \mathrm{Max}\,\{/\varphi/_y : y \in Y\} .$$

Etudier les solutions principales pour lesquelles $\|\varphi\|$ et $/\!/\varphi/\!/$ sont l'un ou l'autre, l'un et l'autre, fini(s).

2. Cas bipermutationnel.

On s'intéresse au cas où F et F' sont deux permutations de X (Card $X = \aleph_0$) et plus généralement, aux systèmes :

$$\bigcup_{i \in I} (F_i, F_i') ,$$

pour lesquels chaque $x \in X$ présente une occurrence, et une seule, dans l'ensemble de tous les F_i et de même une occurrence, et une seule, dans l'ensemble de tous les F_i' (systèmes bipermutationnels d'équations).

2.1. Etendre la théorie de la substitution pi-frontalière au cas d'une équation.

Montrer qu'elle s'étend aussi aux systèmes, quel que soit Card I, ce qui sépare d'une manière essentielle le cas infini du cas fini.

Liaison avec l'exercice 5-10.

2.2. Etudier la théorie des pi-systèmes.

Il faudrait savoir s'ils contiennent des types involutifs (d'où une solution φ avec $\|\varphi\| = 1$, $\|\varphi\| = 2$).

bibliographie

[1] CHEVALLEY C. Fundamental concepts of algebra, Academic Press (1956), Chap. I.

[2] FINE N. J., WIFF H. S., Uniqueness Theorems for Periodic Functions, Proc. American Math. Soc., 16 (1965), p. 109-114.

[3] FONTET M., LENTIN A., Fixateurs et biinvodécompositions, C.R. Acad. Sc. Paris, série A, t. 270, p. 848-850 (6 avril 1970).

[4] FONTET M., LENTIN A., Fixateurs et biinvodécompositions, in Séminaire Schützenberger-Lentin-Nivat, PROBLÈMES MATHÉMATIQUES DE LA THÉORIE DES AUTOMATES, année 1969-70.

[5] FONTET M., LENTIN A., Quelques remarques concernant les involutions dans les groupes symétriques infinis, C.R. Acad. Sc. Paris, série A, t. 273, p. 3-5. (7 juin 1971).

[6] FONTET M., LENTIN A., Quelques remarques concernant les involutions dans les groupes symétriques infinis, in Séminaire Schützenberger-Lentin-Nivat, PROBLÈMES MATHÉMATIQUES DE LA THÉORIE DES AUTOMATES, année 1970-71 (à paraître).

[7] KARRAS A., SOLITAR D., Some remarks on the infinite symmetric groups, Math. Z. 1956, p. 64-69.

[8] JACQUES A., Sur le genre d'une paire de substitutions, C. R. Acad. Sc. Paris, t. 267, p. 625-627 (28 oct. 1968).

[9] JACQUES A, LENORMAND Cl., LENTIN A., PERROT J.-F., Un résultat extrémal en théorie des permutations, C.R. Acad. Sc. Paris, t. 266 (1968) p. 446-448.

[10] LENTIN A., Sur l'équation $a^M = b^N c^P d^Q$ dans un monoïde libre, C.R. Acad. Sc. Paris, t. 260 (1965), p. 3242-3244.

[11] LENTIN A., Contribution à une théorie des équations dans les monoïdes libres, Thèse Fac. Sc. Paris 1969.

[12] LENTIN A., Equations dans les monoïdes libres in Maths. et Sc. Humaines n° 31 (1970) p. 5-16.

[13] LENTIN A., SCHÜTZENBERGER M.-P., A combinatorial problem in the theory of free monoids in Combinatorial Mathematics and its Applications, PROCEEDINGS OF THE CONFERENCE HELD AT THE UNIVERSITY OF NORTH CAROLINA AT CHAPEL HILL, April 10-14 1967 p. 128-144.

[14] LEVI F.W., On semigroups, Bull. Calcutta Math. Soc. 36 (1944) p. 141-146.

[15] LYNDON R.C., SCHÜTZENBERGER M.-P., The equation $a^M = b^N c^P$ in a free group, Michigan Math. J. Vol. 9 (1962) p. 289-298.

[16] ЛЯПИН Е.С. Полугруппы, Москва 1960 (IX. 5.6.)

[17] ORE O. Some remarks on commutators, Proc. Amer. Math. Soc. 2 (1951) p. 307-314.

[18] PIOLLET D. Thèse de Troisième Cycle, Paris 1971.

[19] SCHÜTZENBERGER M.-P., Sur l'équation $a^{2+n} = b^{2+m} c^{2+p}$ dans un groupe libre, C.R. Acad. Sc. Paris, t. 248 p. 2435-2436.

TABLE DES MATIÈRES

FSC
www.fsc.org
MIX
Papier | Fördert
gute Waldnutzung
FSC® C083411

Kolibri 360 GmbH
Ferdinand-Jühlke-Straße 7
99095 Erfurt, Deutschland
produktsicherheit@kolibri360.de